林学基础研究系列

东北林区主要树种及林分类型生物量模型

董利虎 李凤日 著

科学出版社
北京

内 容 简 介

本书以我国东北林区主要树种及林分类型生物量为研究对象，采用近代先进的生物数学模型和统计分析方法，构建了东北林区主要树种和林分类型总量及各分项可加性生物量模型。内容主要包括生物量模型误差结构研究、单木可加性生物量模型研究、东北林区主要树种生物量分配及根茎比、东北林区主要树种生物量模型、东北林区主要林分类型生物量分配及根茎比和东北林区主要林分类型生物量估算模型研究6个方面。通过对东北林区主要树种及林分类型生物量的研究，以期为精确估算森林生物量、提高森林碳汇功能、减缓气候变化提供参考。

本书可供从事森林经理、林业建模工作者和高校相关专业的师生参考使用，也可供关注生态的各界人士参考。

图书在版编目（CIP）数据

东北林区主要树种及林分类型生物量模型 / 董利虎，李凤日著. —北京：科学出版社，2017.6

（林学基础研究系列）

ISBN 978-7-03-052938-1

Ⅰ.①东⋯ Ⅱ.①董⋯ ②李⋯ Ⅲ.①森林–生物量–研究–东北地区 Ⅳ.①S718.55

中国版本图书馆 CIP 数据核字(2017)第 116061 号

责任编辑：张会格　岳漫宇 / 责任校对：邹慧卿
责任印制：张　伟 / 封面设计：刘新新

科学出版社 出版

北京东黄城根北街 16 号
邮政编码：100717
http://www.sciencep.com

北京京华虎彩印刷有限公司 印刷
科学出版社发行　各地新华书店经销

*

2017 年 6 月第 一 版　　开本：B5（720×1000）
2017 年 6 月第一次印刷　　印张：10 7/8
字数：300 000

定价：80.00 元
(如有印装质量问题，我社负责调换)

前　言

森林生物量作为森林生态系统性质、状态的重要特征，是研究森林碳储量与碳平衡等许多林业问题与生态问题的基础。在评价不同林分类型或区域的净初级生产力（NPP）和估计森林生态系统碳储量、碳通量的时候，都需要用到生物量。许多研究都表明，北半球是一个巨大的碳汇。但由于碳循环是一个极其复杂的生物学、化学和物理学过程，受到自然和人为活动的双重影响，因此目前的科学技术及其数据的积累尚不能准确地回答碳汇到底有多大，其区域分布如何。也就是说，碳汇问题仍存在着相当大的不确定性。因此，以目前的科学技术还不能准确地估算其具体数值，不同的学者得出的结论差异较大，很难说某一国家对碳汇的具体贡献有多大。由于森林碳储量和碳密度的变化可以直接或间接反映森林生长、演替及人为活动变化规律，因而我们必须准确估算及评价森林的碳储量和固碳能力，从而以此判定碳汇。因此，准确估算及评价森林碳储量及固碳能力对于全球陆地生态系统碳循环和碳储量控制机制研究，以及改善全球生态环境、缓解全球气候变化具有重要意义。此外，准确估算及预测长时间、大尺度上的森林碳储量及固碳能力，较为详细地掌握森林碳储量及其分布，对于制定公平合理的碳吸收、补偿相关政策，增加陆地生态系统碳储量及固碳能力也具有非常重要的意义。

东北林区作为全国最大的木材生产基地，森林面积和蓄积量均占全国总量的1/3以上，在全国和区域碳平衡中起着至关重要的作用。同时，该地区也是中国气候变化最显著、植被对气候变化响应的敏感地带。过去15年中，该地区作为中国天然林保护工程实施的重点地区之一，其森林碳源、碳汇功能及其时空格局可能因经营活动和气候变化而发生变化。

本书以东北林区主要树种及林分类型生物量为研究对象，较为全面地分析东北林区主要树种及主要林分类型的生物量分配比例和根茎比变化规律，并构建了其总量及各分项可加性生物量模型。利用似然分析法判断各树种、林分类型总量及各分项生物量异速生长方程的误差结构（相加型和相乘型），而模型参数估计采用非线性似乎不相关回归模型方法，并采用"刀切法"来评价所建立的生物量模型。总的来说，本书从单木及林分生物量模型误差结构的确定、可加性生物量模型结构、生物量分配比例和根茎比变化规律等方面进行深入的研究，为全国性生物量和碳储量监测提供可靠的理论与技术知识。

本书共分为 9 章，第 1 章为森林生物量研究综述；第 2 章介绍了东北林区各区域的自然地理条件、动植物资源及生物量数据的调查、收集和整理；第 3 章介绍了生物量模型误差结构的确定方法；第 4 章介绍了单木可加性生物量模型的构建方法；第 5 章分析了东北林区主要树种生物量分配及根茎比变化规律；第 6 章利用似然分析法和聚合型可加性生物量模型来构建东北林区主要树种可加性生物量模型；第 7 章分析了东北林区主要林分类型生物量分配及根茎比变化规律；第 8 章分区域对东北林区主要林分类型生物量估算方法进行研究；第 9 章为结论与展望。

本书内容是国家自然科学基金项目（31600510、31570626）、国家"十二五"科技支撑计划项目（2015BAD09B03）及黑龙江省科学基金项目（LC20160007）共同资助的研究成果。本书在撰写过程中借鉴了国内外许多专家、学者的研究成果，在此一并予以感谢！

由于作者水平有限，书中难免有不足之处，敬请读者批评指正。

董利虎

2017 年 3 月 9 日

目 录

第1章 绪论 ··········1
1.1 森林生物量研究目的及意义 ··········1
1.2 森林生物量研究历史 ··········2
1.3 森林生物量估测方法 ··········3
1.3.1 直接收获法 ··········3
1.3.2 模型估测法 ··········4
1.3.3 遥感估测法 ··········5
1.4 森林生物量建模方法 ··········6
1.4.1 单木生物量模型 ··········6
1.4.2 林分生物量模型 ··········9
1.4.3 生物量模型评价 ··········11
1.5 生物量研究展望 ··········12
1.6 研究内容 ··········13
1.7 研究技术路线 ··········14

第2章 研究区域概况及数据来源 ··········16
2.1 研究地区概况 ··········16
2.1.1 地理位置 ··········16
2.1.2 气候 ··········17
2.1.3 水系 ··········17
2.1.4 土壤 ··········17
2.1.5 动植物资源 ··········18
2.2 单木生物量数据 ··········19
2.2.1 样地设置 ··········19
2.2.2 解析木选择 ··········20
2.2.3 单木生物量测定及计算 ··········21
2.3 林分生物量数据 ··········23
2.3.1 固定样地数据 ··········23

2.3.2　林分生物量计算 ··· 28
　2.4　本章小结 ··· 28

第3章　生物量模型误差结构研究 ·· 29
　3.1　异速生物量模型 ·· 29
　3.2　生物量模型误差结构分析 ·· 30
　　3.2.1　数据与方法 ·· 30
　　3.2.2　误差结构结果分析 ··· 33
　3.3　讨论 ··· 35
　3.4　本章小结 ··· 36

第4章　单木可加性生物量模型研究 ·· 37
　4.1　可加性生物量模型结构 ··· 37
　　4.1.1　分解型可加性生物量模型 ·· 37
　　4.1.2　聚合型可加性生物量模型 ·· 39
　4.2　可加性生物量模型估计方法 ··· 40
　4.3　不同可加性生物量模型结构评价 ··· 42
　　4.3.1　方法 ··· 42
　　4.3.2　不同结构模型拟合与检验结果 ·· 46
　　4.3.3　不同可加性生物量模型结构对比 ····································· 47
　4.4　讨论 ··· 50
　4.5　本章小结 ··· 50

第5章　东北林区主要树种生物量分配及根茎比 ······················· 52
　5.1　数据 ··· 52
　5.2　东北林区主要树种生物量分配 ·· 53
　　5.2.1　东北林区主要树种生物量分配统计 ·································· 53
　　5.2.2　东北林区主要树种不同径级生物量分配 ··························· 55
　　5.2.3　东北林区主要树种不同年龄生物量分配 ··························· 60
　5.3　东北林区主要树种生物量根茎比 ··· 61
　　5.3.1　东北林区主要树种生物量根茎比统计 ······························ 61
　　5.3.2　东北林区主要树种地下生物量与地上生物量关系 ··············· 63
　5.4　讨论 ··· 66
　5.5　本章小结 ··· 66

第6章　东北林区主要树种生物量模型 ···································· 68
　6.1　建模数据 ··· 68

6.2 模型构建 ··· 68
　6.2.1 模型优选 ··· 68
　6.2.2 可加性生物量模型构造 ··· 69
　6.2.3 模型评价 ··· 72
　6.2.4 校正系数 ··· 72
6.3 东北林区主要树种生物量模型构建 ·· 73
　6.3.1 东北林区主要树种最优二元生物量模型选择 ····························· 73
　6.3.2 东北林区主要树种生物量模型误差结构分析 ····························· 78
　6.3.3 东北林区主要树种生物量模型 ··· 79
　6.3.4 模型校正 ··· 91
6.4 讨论 ··· 97
　6.4.1 生物量模型 ··· 97
　6.4.2 不同生物量模型比较 ·· 98
6.5 本章小结 ·· 101

第7章　东北林区主要林分类型生物量分配及根茎比 ································ 103
7.1 数据统计 ·· 103
7.2 东北林区主要林分类型生物量分配 ·· 106
　7.2.1 主要林分类型生物量分配统计 ··· 106
　7.2.2 林分因素对生物量分配的影响 ··· 108
7.3 东北林区主要林分类型生物量根茎比 ·· 111
　7.3.1 主要林分类型生物量根茎比统计 ······································· 111
　7.3.2 林分因素对生物量根茎比的影响 ······································· 112
　7.3.3 主要林分类型地上生物量与地下生物量关系 ···························· 112
7.4 讨论 ··· 118
7.5 本章小结 ·· 118

第8章　东北林区主要林分类型生物量估算模型研究 ································ 120
8.1 数据 ··· 120
8.2 生物量-林分变量模型 ··· 120
　8.2.1 生物量-林分变量模型构建方法 ·· 120
　8.2.2 东北林区主要林分类型生物量-林分变量模型 ··························· 121
8.3 生物量-蓄积量模型 ··· 130
　8.3.1 生物量-蓄积量模型构建方法 ·· 130
　8.3.2 东北林区主要林分类型生物量-蓄积量模型 ····························· 130

8.4 林分生物量换算系数法 ·· 138
    8.4.1 生物量换算系数定义 ·· 138
    8.4.2 固定生物量换算系数法 ·· 139
    8.4.3 生物量换算系数连续函数法 ···································· 141
8.5 讨论 ·· 148
8.6 本章小结 ·· 153

第9章 结论与展望 ·· 154
9.1 结论 ·· 154
    9.1.1 主要结论 ·· 154
    9.1.2 主要创新点 ·· 155
    9.1.3 主要不足之处 ·· 156
9.2 展望 ·· 156

参考文献 ·· 157

第1章 绪　　论

生物量作为生态系统的基本功能指标,是评价生态系统服务功能的基础参数,一直受到森林生态学家的高度关注。自20世纪60年代中期国际生物学计划(IBP)执行以来,对森林生态系统生物量的研究就没有间断过。在全球范围内,针对从北方针叶林、温带阔叶林、暖温带常绿阔叶林、地中海硬阔混交林一直到热带雨林都开展了森林生态系统生物量研究。

1.1　森林生物量研究目的及意义

众所周知,森林在地球圈层中起到缓冲器和碳汇的作用。总的来说,森林的光合作用、呼吸作用、枯损、生长等自然因素,以及人类活动因素(采伐、抚育和整枝等)都会影响森林生物量和碳储量的大小。因此,森林生态系统的生物量和碳储量变化可以直接或间接反映森林的演替、人类活动、自然干扰、气候变化和人为污染,森林的碳循环与碳储量在全球陆地生态系统碳循环中具有重要意义(李世东等,2013;王效科等,2011)。

森林生物量作为森林生态系统性质、状态的重要特征,是研究森林碳储量与碳平衡等许多林业问题与生态问题的基础。在评价不同林分类型或区域的净初级生产力(NPP)和估计森林生态系统碳储量、碳通量的时候,都需要用到生物量。许多研究都表明,北半球是一个巨大的碳汇。但由于碳循环是一个极其复杂的生物学、化学和物理学过程,受到自然和人为活动的双重作用,因而目前的科学技术及其数据的积累尚不能准确地回答碳汇到底有多大,以及其区域分布如何。也就是说,碳汇问题仍存在着相当大的不确定性。因此,以目前的科学技术还不能准确地估算其具体数值,不同的学者得出的结论差异较大,很难说某一国家对碳汇的具体贡献有多大(于贵瑞,2003)。

由于森林碳储量和碳密度的变化可以直接或间接反映森林生长、演替及人为活动变化规律,因而我们必须准确估算及评价森林的碳储量和固碳能力,从而以此判定碳汇。因此,准确估算及评价森林碳储量及固碳能力对于全球陆地生态系统碳循环和碳储量控制机制研究,以及对于改善全球生态环境、缓解全球气候变化具有重要意义。此外,准确估算及预测长时间、大尺度上的森林碳储量及固碳能力,较为详细地掌握森林碳储量及其分布,对于制定公平合理的碳吸收、补偿相关政策,增加陆地生态系统碳储量及固碳能力也具有非常重要的意义。

我国和世界大部分国家一样，森林资源宏观监测以国家森林资源清查为主。我国现行重复性的调查，对样地和解析木的调查数据，每 5 年产出一次累积性的统计成果。以森林资源清查统计数据为基础的生物量和碳储量计算，与现行森林资源清查体系一样，产出数据为每 5 年的累积性统计数据，数据采集时间存在不一致性，分析成果缺乏现实性和时效性。我国已经进行了 8 次全国森林资源清查，在人工林和天然林方面获取了大量宝贵的森林资源数据。方精云等（1996）研究表明，森林的生产力、生物量和碳储量与森林自身的生物学特性（蓄积量、林龄等）有着密切的联系。因此，如何充分利用这些连续、系统的大面积森林资源清查资料，探索基于森林资源清查数据的森林生物量和碳储量估测模型，进而估算、预测森林的碳储量和碳密度，这不仅有助于估算区域尺度的森林生产力及其碳收支，而且可以为森林生态系统的结构与功能评价提供一定的指标。因此，应以森林资源清查为基础，充分利用森林资源清查样地与解析木数据，借助遥感技术手段，寻求快速宏观监测森林资源的方法，从定时监测转向连续监测，从静态监测转向动态监测，提高监测的现实性和时效性。实时获取森林资源数量和碳储量的数据，对森林资源的可持续经营与利用，对于制定缓解森林碳流失政策具有重要的意义（王效科等，2011）。

1.2　森林生物量研究历史

森林生物量作为森林生态系统最基本的特征数据，是研究森林生态系统结构和功能的基础（West，1999），对于深入研究森林生态系统生物地球化学循环、水文学过程、碳循环和碳管理，以及评估系统生产力与环境的相互关系等都具有重要的科学价值（Konôpka et al.，2013；Fahey et al.，2009；Bondlamberty et al.，2004；方精云，2000）。此外，森林生物量还是国家温室气体清单、林业碳补偿项目等陆地生态系统碳计量与监测的核心问题。依据《联合国气候变化框架公约》（UNFCCC）及《京都议定书》，缔约方需定期提交土地利用变化和林业部门国家温室气体排放清单，而且经过核准的碳汇量可用于抵消温室气体的排放量。因此，对森林生物量的研究一直受到重视，从 20 世纪六七十年代的人与生物圈计划（MAB）和国际生物学计划（IBP）到最近的全球森林碳平衡再评估，有大量研究报道（Pan et al.，2011；Fang et al.，2001）。

在 MAB 和 IBP 的推动下，世界各国对陆地生态系统的不同森林类型生物量、碳储量、固碳能力、生产力及其分布规律，以及森林生产力与气候因子、森林群落分布之间的关系进行了详细的研究（Cannel，1982）。目前，国外对于生物量的研究处于领先地位，许多学者在小尺度及大尺度方面都有一定的研究成果，并开展了许多树种的生物量模型研究（Woodall et al.，2011；Lambert et al.，2005；Jenkins et al., 2003）。而我国对于森林生物量和生产力的研究相对较晚，始于 20 世纪 70 年代末，这一时期的代表研究有杉木林、油松林、红皮云杉林等（陈炳浩和陈楚莹，1980；董世仁和关玉秀，1980；潘维俦等，1978）。此后，我国陆续开展了不同地带主要森林类型生物量和生产力的调查研究工作（冯宗炜等，1999）。经过30 余年的发展，积累了丰富的生物量数据，遍布寒温带、温带、暖温带、亚热带和热带等气候区，为全面总结我国森林生物量研究的成果奠定了基础。许多学者还建立了某一区域或某类森林类型的生物量模型（冯宗炜等，1999；罗天祥，1996）。

1.3 森林生物量估测方法

1.3.1 直接收获法

森林生物量通常包括乔木层生物量（如树干、树枝、树叶和树根）和林下植被生物量（如灌木、草本、苔藓等）。通常采用直接收获的手段来获取各组分（如树干、树枝、树叶和树根）的生物量，测定方法主要包括皆伐法和标准木法两种常规方法（孟宪宇，2006；冯宗炜等，1999，1982）。

1.3.1.1 皆伐法

在某一林分内选择适当面积（至少应为 0.06hm^2）设置样地，将该样地内的各林层进行皆伐，测定所有器官的生物量，一次推算出单位面积各林层及各器官的生物量。采用该法测定的数据准确可靠，常作为真值与采用其他方法的估计值进行比较，但此法费时费力且具有巨大的破坏性，在实际操作中较少用于测定乔木层生物量，而常用于测定林下植被生物量。

1.3.1.2 标准木法

标准木法可以细分为平均标准木法和径级分层标准木法。

平均标准木法：在对标准地进行每木调查的基础上，选取能够代表群落平均特征的标准木，伐倒后测定标准木的器官生物量，然后乘以林分密度得到林分生物量。

径级分层标准木法：按不同径级或树高将标准地树木分成数层，然后在各层内选取标准木。将各层标准木伐倒后称其鲜重，之后结合各层的每公顷株数，最后得到林分生物量。

总的来说，标准木法比较适合于人工林，因为人工林的林木大小具有小的或中等离散度的正态分布。需要注意的是，根据不同的测树指标选取的标准木是不同的，进而推算的林分生物量值也存在一定的差异（Baskerville，1965），这也是标准木法误差产生的主要原因。因此，此方法选择标准木尤为关键，应同时考虑林木的胸径、树高、干形。

1.3.2 模型估测法

1.3.2.1 异速生长模型法

通常来说，用于测定树木生物量的方法有皆伐法、平均标准木法、径级分层标准木法和异速生长模型法等。直接测量树木的生物量尽管是最为准确的，但是这个过程需要大量的人力、物力和财力，且具有一定的破坏性。目前，生物量模型估测法是比较常用的方法，它是利用林木易测因子来推算难以测定的立木生物量（特别是树根生物量），可以减少测定生物量的外业工作（Ketterings et al.，2001；Klinkhamer and Peter，1994）。根据文献统计，过去几十年全世界已经建立了涉及100 个以上树种的 2300 个生物量模型（包括总量和各分项），但是以地上生物量模型居多，很少有人关注地下生物量（树根），主要的原因是树根很难挖取（董利虎等，2013b；曾伟生等，2010；Bondlamberty et al.，2002；Brown，2002；林开敏等，2001；Lott et al.，2000；Wang et al.，2000）。总之，异速生长模型法被广泛用于森林生物量和生产力的估测中（佟健等，2014；刘琦等，2013）。

Parresol（2001，1999）总结了许多文献中的异速生长方程后，归纳出最常见的异速生长方程，分为以下三类：非线性相加型误差结构方程、非线性相乘型误差结构方程和线性方程。异速生长方程根据自变量的多少，又可分为一元或多元模型，且一元模型是最常见的函数形式（Enquist and Niklas，2002；Ketterings et al.，2001）。非线性模型应用最为广泛，其中相对生长系数恒定模型（CAR）和相对生长系数变化模型（VAR）最具有代表性，是所有模型中应用最为普遍的两种模型。这两种模型可用于总量及各分项生物量的估计，自变量 X 根据各分项生物量的特点可选用不同的变量，如 D^2、$D^2 \cdot H$。除了胸径和树高之外，许多研究者又引入了其他因子，如林龄、材积、冠幅和冠长等（Tumwebaze et al.，2013；Sprizza，2005）。在统计学上自变量的增多一般会使生物量的估算更趋于准确（Sprizza，2005），但自变量数据的增多又会加大林分调查时基本数据获取的难度，降低了异速生长模型的实用性。因此，在建立异速生长模型时应充分考虑统计标准和实际应用之间的平衡（Klinkhamer and Peter，1994）。

在生物量模型构造方面，国内外研究者普遍采用的是按林木各分项（树干、树枝、树叶、树根）分别进行生物量模型的优选（包括模型形式和模型变量），然后根据各分项生物量与实际观测变量（如胸径和树高）分别拟合各分项生物量模型（如树干、树枝、树叶和树根）的参数值，即各分项生物量的模型估计都是独立进行的（Albert et al.，2014；Fatemifarrah et al.，2011；Basuki et al.，2009；Zeng et al.，2010；Socha and Wezyk，2007）。这种构造生物量模型的方法就造成了各分项生物量模型间的不可加性或不相容性，也就是说，树干、树枝、树叶和树根 4 部分生物量之和不等于总生物量，树枝和树叶的生物量之和不等于树冠生物量，树冠和树干生物量之和不等于地上生物量。为了解决模型的可加性问题，Parresol（2001，1999）采用似乎不相关回归建立了总量及各分项可加性生物量模型，首次解决了以往生物量估算领域中各分项生物量模型间不相容的问题。唐守正等（2000）则采用度量误差模型，也实现了生物量模型和材积模型的兼容。

目前，大尺度森林生物量的估算方法是人们关注的焦点，建立林分尺度生物量模型变为一种趋势（Soares and Tomé，2004）。总的来说，单木生物量模型与林分生物量模型的建模思路是一样的，都可以采用异速生长方程来建立其生物量模型。

1.3.2.2 机理模型法

异速生长方程属于一种经验式，是一种统计模型。生物量机理模型是基于树木叶片光合作用、呼吸作用等主要生理过程及分析几何等的理论模型，以实现对生物量的估计，探索整个生物界的相对生长规律（Landsberg，2003；Enquist and Niklas，2002；West，1999）。但对于机理模型来说，建模时需要大量的环境气候数据且模型构造相对复杂，这就降低了其实用性，很难应用于森林生物量的估算（Stahl et al.，2004）。虽然研究机理模型是我们的最终目的，但目前这种方法还不能精确地估计生物量。

1.3.3 遥感估测法

直接收获法与模型估测法在估测森林生物量时具有一定的局限性，不能及时反映大面积宏观生态系统的动态变化及生态环境状况。但当高精度、大面积的森林生物量需要被估测时，传统生物量估测方法（直接收获法与模型估测法）无法满足现实中的需要。在这种情况下，人们开始利用遥感技术来代替传统的研究方法进行生物量的估测。

森林生物量的遥感估测大致可以分为三个阶段（李世东等，2013）：①利用单波段来估算森林生物量，其运算简单，然而受大气、土壤等因素影响强烈，因此其估测精度较低；②利用森林植被指数来估算森林生物量，因其方法简便、估测精度较高而广为应用，从使用高空间分辨率的 TM、MSS 数据等到使用高时间分辨率的 NOAA 数据，从小区域的精细研究（如一个实验区、一个县）到大尺度宏观研究（如全球尺度）；③利用主动微波遥感［如合成孔径雷达（SAR）］估算森林生物量，其估测精度较高。

到目前为止，国内外很多学者借助卫星遥感技术对森林的生物量进行了研究

（Trofymow et al., 2014；Anaya et al., 2009；Feldpausch et al., 2006；Suganuma et al., 2006；Van et al., 2005；Dong et al., 2003；Kasischke et al., 1997；Sun and Simonett, 1988），如 Sun 和 Simonett（1988）、Kasischke 等（1997）分别利用航空和航天雷达数据研究表明雷达影像密度与生物量关系密切；Dong 等（2003）利用 ABHRR-NOAA 图像提取了 1981~1999 年 6 个国家 167 个省的生长季的归一化植被指数（NDVI），对 NDVI 与基于森林调查数据的森林生物量进行建模；Trofymow 等（2014）利用遥感的方法确定剩余燃烧木头堆的蓄积和生物量。随着对国外研究的借鉴，我国也有学者利用遥感技术对森林生物量进行了研究（Du et al., 2014；李明泽等，2014；翟晓江等，2014；黄金龙等，2013；余朝林等，2012；董德进等，2011；杨金明等，2011），杨金明等（2011）利用长白山林区的单木生物量模型及森林资源清查资料计算样地生物量并用 4 期遥感数据对此地区的生物量变化进行了分析；黄金龙等（2013）基于光谱和空间信息融合后的 IKONOS 影像提取单木水平的树冠冠幅信息，并利用外业中实测的小样方生物量数据，对南京市紫金山林区针叶林和阔叶林分别建立了地上生物量的遥感估算模型，还利用实测针叶林和阔叶林生物量数据对模型进行了验证；余朝林等（2012）基于外业实测生物量数据和 Landsat 5 TM 影像，分别建立浙江省临安、安吉、龙泉三个毛竹产区的毛竹林生物量遥感估算模型，并对 3 个区域的模型进行评价。

总的来说，对于森林生态系统的宏观监测来说，遥感技术是一种最为可靠的方法，其可以快速、准确、无破坏地对森林生物量进行估算。林业工作者利用遥感的多时相特点，可以准确定位分析同一区域、一段时间前后的变化情况，使对森林生物量动态监测成为可能。由于遥感技术（RS）和地理信息系统（GIS）的集成，更加推动了森林生物量遥感估算的进程，在地理信息系统环境下实现包括遥感信息在内的多种信息（如林分信息、立地因子和气候因素等）的结合，从而可以准确地建立森林生物量遥感估算模型。利用地理信息系统技术将高时相分辨率的卫星遥感数据和各种观察或实测数据结合在一起，可以对小尺度、大尺度及全球尺度的森林生物量进行准确估算及动态监测（汤旭光等，2012；娄雪婷等，2011；徐新良和曹明奎，2006）。

1.4 森林生物量建模方法

1.4.1 单木生物量模型

1.4.1.1 模型结构选择

自从芬兰及瑞典（1964 年）提出将整株林木的生物质（包括地上和地下两部分）全部予以收获利用的木材生产方式，即全树利用后，许多发达国家（如美国、加拿大等）将森林生物量调查作为森林监测的一个重要内容，因此许多国家及研究者开始进行森林生物量模型的研究。迄今为止，许多研究者先后提出了许多形式的生物量模型，总结起来主要有以下三种模型类型（Parresol，2001，1999）。

$$\text{非线性（误差相加）方程：} W = a_0 X_1^{a_1} X_2^{a_2} \cdots X_i^{a_i} + \varepsilon \quad (1\text{-}1)$$

$$\text{非线性（误差相乘）方程：} W = a_0 X_1^{a_1} X_2^{a_2} \cdots X_i^{a_i} \cdot \varepsilon \quad (1\text{-}2)$$

$$\text{线性方程：} W = a_0 + a_1 X_1 + \cdots a_i X_i + \varepsilon \quad (1\text{-}3)$$

式中，W 为生物量（kg）；自变量 X_1，X_2，$\cdots$，X_i 为树木因子；a_0，a_1，$\cdots$，a_i 为模型的参数；ε 为误差项。一些常用的自变量有：胸径（D，cm）、树高（H，m）、冠幅（C_W，m）、冠长率（C_R，%）、冠长（C_L，m）、D^2、$D^2 \cdot H$、年龄（T，年）和材积（V，m^3）等。

对于不同地区、不同树种的生物量模型，其方程形式可能不同。对于式（1-1）~式（1-3）来说，其最简单的方程是以胸径（D）作为唯一变量的一元生物量模型，其中国内外使用最多的模型形式为 $W = a \cdot D^b$。对于二元生物量模型，树高（H）经常被作为第二变量添加到模型中，其中应用最广的模型形式为 $W = a \cdot D^b \cdot H^c$ 和 $W = a \cdot (D^2 \cdot H)^b$。

1.4.1.2 模型误差结构

异速生长方程 $Y = a \cdot X^b$ 是一个数学函数（幂函数），经常被用作生物量模型。一些研究者（Packard，2009；Packard and Birchard，2008；Fattorini，2007）认为对数转换的线性模型有以下缺陷：①将原始数据对数转换是一个非线性的转换，从根本上改变了幂函数中 Y 和 X 之间的关系；②非线性模型的对数转换对数据中的小值和大值产生不成比例的权重，这会误导性地估计幂函数的参数；③对数转换的线性模型提供 $\ln Y$ 的预测值，而不是 Y，将 $\ln Y$ 反对数为 Y 时，会有一个偏差，因而对这个偏差的校正是有必要的。因此，原始数据应该用非线性幂函数来进行拟合（Bi et al.，2004）。另一些研究认为，异速生长方程的生物变异是成比例的，而不是绝对的数量级。此外，在实际中最小二乘法能够容易地得出对数转换的线性回归模型的参数估计值，且对数转换的线性模型能削弱异常值或强影响点的影响（Kerkhoff and Enquist，2009；Gingerich，2000）。总的来说，选择对数转换的线性回归还是非线性回归主要依赖于异速生长方程的误差结构。如果异速生长方程的误差项是相加型的，非线性回归最为合适，其主要通过非线性最小二乘法拟合原始数据；而如果异速生长方程的误差项是相乘型的，对数转换的线性回归最为合适。为了便于客观评价模型的误差结构，Bi 等（2004）提出用非线性回归与对数转换的线性回归的均方误差比值（MSE ratio）来判断异速生长方程的误差结构。Xiao 等（2011）和 Ballantyne（2013）提出用似然分析法（likelihood analysis）

去判定异速生长方程的误差结构,到目前为止,这个方法已被用于很多领域,但在林业界似然分析法还很少被人所知(Lai et al., 2013)。与均方误差比值法相比,似然分析法被认为更符合核心统计原则,更适合用来确定模型的误差结构(Ballantyne, 2013)。

1.4.1.3 可加性生物量模型

林木总生物量应当等于各分项生物量之和。为了满足这一基本的逻辑关系,在同时建立树干、树枝、树叶、地下生物量和地上生物量方程时,必须保证各个方程之间具有可加性。为了实现生物量方程的可加性,有许多可加性模型结构可以被使用,尽管如此,生物量模型的可加性还是经常被忽视。在实际应用中,国内外有以下两种形式的可加性生物量模型(董利虎等,2013a;Li and Zhao, 2013;董利虎等,2012;曾伟生和唐守正,2011a;Balboa-Murias et al., 2006)。

(1) 分解型可加性生物量模型(董利虎等,2013a,2012;曾伟生和唐守正,2011a),通过构造总量与各分项生物量模型(函数)之间的相关关系来满足可加性,其通式如下:

$$\begin{cases} W_1 = \dfrac{F_1(X_1)}{F_1(X_1)+F_2(X_2)+\cdots+F_n(X_n)} \times F_{\text{total}}(X_{\text{total}}) \\ W_2 = \dfrac{F_2(X_2)}{F_1(X_1)+F_2(X_2)+\cdots+F_n(X_n)} \times F_{\text{total}}(X_{\text{total}}) \\ \vdots \\ W_n = \dfrac{F_n(X_n)}{F_1(X_1)+F_2(X_2)+\cdots+F_n(X_n)} \times F_{\text{total}}(X_{\text{total}}) \end{cases} \quad (1\text{-}4)$$

式(1-4)中总量及各分项生物量方程都有独自的自变量,由式(1-4)可以明显地看到总生物量等于各分项生物量之和。此外,式(1-4)还可以设置其他的约束条件(如树枝、树叶生物量之和等于树冠生物量)。

(2) 聚合型可加性生物量模型(Li and Zhao, 2013; Balboa-Murias et al., 2006),通过设定总量等于各分项生物量之和来满足可加性,其通式如下:

$$\begin{cases} W_1 = F_1(X_1) \\ W_2 = F_2(X_2) \\ \vdots \\ W_n = F_n(X_n) \\ W_{\text{total}} = W_1 + W_2 + \cdots + W_n \end{cases} \quad (1\text{-}5)$$

式(1-5)中各分项生物量方程都有独自的自变量,同理,式(1-5)也可以设置其他的约束条件。

目前许多研究者利用上述两种形式的模型结构建立不同树种的生物量模型，如曾伟生等（2010）以马尾松地上生物量数据为例，通过分解型可加性生物量模型方法，研究建立了地上生物量与树干、树皮、树枝、树叶 4 个分量的相容性方程系统；董利虎等（2011）构建了黑龙江主要树种含度量误差的分解型可加性生物量模型；Dong 等（2015）建立了两种形式（分解型和聚合型可加性生物量）的落叶松可加性生物量模型，并比较了这两种形式的可加性生物量模型的拟合优度及预测能力；Dong 等（2014）利用聚合型可加性生物量模型的方法，构造了东北林区 3 个主要针叶树种一元生物量模型。

1.4.1.4　参数估计方法

总量和各分项生物量方程分为不可加性和可加性。不可加性生物量方程实质上是分别拟合了总量和各分项生物量，其线性模型[式（1-3）]或对数转换的线性模型[对式（1-2）两边取对数]可以用最小二乘法（OLS）进行参数估计。而对于式（1-1）则需要采用参数估计的迭代程序进行计算（曾伟生和唐守正，2011b）。此外，生物量数据通常表现为异方差性（即残差呈现喇叭状），进行加权回归或对数转换是必需的（曾伟生，1999）。

相反，可加性生物量方程同时拟合了总量和各分项生物量，并考虑同一解析木总量、各分项生物量之间的内在相关性。为了实现生物量方程的可加性，有许多方法可以被使用，如简单最小二乘法、最大似然法、度量误差法、广义矩估计、线性及非线性似乎不相关回归等（Tang and Wang，2002；Tang et al.，2001；Parresol，2001，1999；Reed and Green，1985；Chiyenda，2011；Cunia and Briggs，1984）。在这么多种方法中，线性似乎不相关回归（SUR）和非线性似乎不相关回归（NSUR）是最灵活、最受欢迎的两种参数估计方法（Li and Zhao，2013；Menendezmiguelez et al.，2013；Parresol，2001，1999）。最近几年许多研究者用似乎不相关回归来确定模型的可加性。Bi 等（2004）建立了 16 个树种可加性生物量模型。Li 和 Zhao（2013）用树高级作为哑变量建立了中国杉木可加性生物量模型。董利虎等（2015a，2015b）利用似乎不相关回归建立了东北林区 4 个针叶树种和黑龙江省人工杨树一元、二元可加性生物量模型。

1.4.2　林分生物量模型

目前，基于森林资源资料的传统方法在区域尺度森林生物量及其动态的评估中仍然占据十分重要的位置，还可以用于校验基于遥感信息的模型并提高其预测性能。政府间气候变化专门委员会（IPCC）相关技术指南也采用这种传统方法（IPCC，2006，2003）。目前，许多研究者利用森林生物量与森林蓄积量的比值[即生物量换算系数（BEF）]这种较为简易的方法来推算大尺度及全球尺度的森林生物量，通常他们将生物量换算系数看作一恒定的常数（Brown and Lugo，1984），但实际情况并非如此。许多研究表明，生物量换算系数随森林蓄积的变化而变化，只有当蓄积达到很大的程度时，该值才可能是一个常数（Luo et al.，2013；Teobaldelli et al.，2009）。当前，随着全球各地森林生物量实测数据的增加，许多学者提高了森林生物量估算精度，并由此提出一系列研究方法，主要有生物量-林分变量模型（stand biomass equations including stand variables）、生物量-蓄积量模型（stand biomass equations including stand volume）、固定生物量换算系数（constant BEF）法和生物量换算系数连续函数（stand biomass equations including BEF）法（Pare et al.，2013；Castedo-Dorado et al.，2012；李海奎等，2012，2011；罗云建等，2009，2007；Tolunay，2009），其中生物量-蓄积量模型、固定生物量换算系数法和生物量换算系数连续函数法都是基于立木蓄积，通过生物量估算参数来估算区域尺度器官生物量、地上生物量乃至总生物量的方法，都属于材积源生物量法（李海奎等，2012；Lehtonen et al.，2004；Fang et al.，2001；Wang et al.，2001）。

总的来说，大尺度生物量估计，树种复杂，不同方法的估算结果往往差别较大。特别是由于在20世纪60年代，中国没有参加IBP，从70年代开始的生物量研究是不同学者在生态系统层面上的研究，虽模型众多，但建模样本较少，适用性较差（党承林和吴兆录，1994；马钦彦，1989）。在我国，森林资源清查数据没有被深度挖掘，选择比较适合的森林生物量估算方法非常必要（张茂震等，2013）。

1.4.2.1 生物量-林分变量模型

许多研究表明，林分生物量与一些较易获得的林分变量（如林分平均直径、林分平均高、林分断面积等）有着密切关系。目前国外对林分生物量-林分变量模型的研究相对较多，而国内对这方面的研究还较少（Gonzalez-Garcia et al.，2013；Pare et al.，2013；Castedo-Dorado et al.，2012）。众所周知，异速生长模型被广泛应用于单木生物量模型。而对于生物量-林分变量模型，异速生长方程也是非常适用的。此外，生物量-林分变量模型也应考虑异方差问题及模型的可加性。

1.4.2.2 生物量-蓄积量模型

在森林生物量的组成中，总量及各分项生物量与林分蓄积有着很强的相关关系，从而奠定了生物量-蓄积量模型的理论基础（Luo et al.，2013；Whittaker and Likens，1975）。Fang等（1998）指出林分生物量与林分蓄积量之比不为一个恒定常数，并建立了与林龄无关的生物量-蓄积量线性关系。但对于许多林分类型而言，这种简单的线性模型有明显的不足，不符合生物学特性。于是，国内外许多学者开始从改进线性模型和构造新的模型来研究林分的生物量-蓄积量模型。Pan等（2004）改进了与林龄无关的生物量-蓄积量模型，提出了不同龄级的生物量-蓄积量模型。Zhou 等（2002）、Smith 等（2003）和黄从德等（2007）分别构建了生物量-蓄积量的双曲线模型、指数模型和幂函数模型。

总的来说，此方法可以将林分蓄积量直接转换为林分生物量，是一种较为简单的估算生物量的方法。

1.4.2.3 固定生物量换算系数法

固定生物量换算系数（constant biomass expansion factor，CBEF）法是利用林分生物量与蓄积量比值的均值乘以该森林类型的总蓄积量，得到该森林类型总生物量的方法。或采用木材密度（木材烘干后的质量与木材材积的比值）乘以总蓄积量和总生物量与地上生物量的换算系数。在森林生物量组成中，树干只是其中一部分，其所占的比例因树种和立地条件的不同而具有很大的差异。因此，为了推算某一林分类型的生物量，必须知道树干、树枝、树叶、树根等部分的生物量。

Brown 和 Logo（1984）基于该方法，采用由联合国粮食及农业组织提供的主要森林类型蓄积量资料，估算了全球森林地上生物量，其不足主要反映在木材密度、总生物量与地上生物量的换算系数均按常数处理。迄今为止，许多研究者对生物量换算系数进行了研究。研究表明，生物量换算系数与林木的年龄、树种组成、立木条件和其他生物学特性等密切相关（Skovsgaard and Nord-Larsen，2012；Soares and Tomé，2012；Luo et al.，2013；Teobaldelli et al.，2009；Fang et al.，1998；Isaev et al.，1995）。因此，固定生物量换算系数法（取常数值）可能对森林生物量的估计产生较大的偏差。

1.4.2.4 生物量换算系数连续函数法

为了克服生物量转换算系数法将生物量与蓄积量的比值作为常数值的不足，许多学者（Fang et al.，1998）提出了生物量换算系数连续函数法。该方法是将恒定不变的生物量平均换算系数改为分龄级的生物量换算系数，从而可以更加准确地估算大尺度、国家尺度及全球尺度的森林生物量（Brown et al.，1989）。Schroeder 等（1997）和 Fang 等（1998）建立了生物量和蓄积量的比值（BEF）和每公顷蓄积量（V）的关系。这些研究结果表明，生物量换算系数并不是一个常数。此外，对某一森林类型而言，其生物量换算系数与林木的年龄、种类组成、其他生物学特性和立木条件等密切相关。因此，不同的学者（Gonzalez-Garcia et al.，2013；Castedo-Dorado et al.，2012；Teobaldelli et al.，2009）采用不同的生物量换算系数模型（如 Schumacher 方程和幂函数）结合每公顷蓄积量来计算森林生物量。

1.4.3 生物量模型评价

回归分析的主要目标之一是选择一个准确、可靠的模型来预测因变量（如生物量)。回归分析的最后一步也是最重要的一步是对所选模型进行全面的验证。Snee(1977)概述了4个验证回归模型的方法：①将模型参数估计值和预测值与理论值进行比较；②将模型结果与理论模拟结果进行比较；③用新数据（未参与拟合模型的数据）进行检验；④用数据分割或交叉检验的方法进行检验。然而，是否需要对所建模型进行适用性检验，也是一个存在争议的问题。很多学者认为仅仅利用建模样本计算的拟合或检验指标来评价模型的预测能力是不恰当的，必须利用检验样本（即未参与拟合模型的样本）进行模型适用性检验。曾伟生等(2011c)认为适用性检验并不能反映所建模型的预测精度，因而建议将检验样本和建模样本合并起来进行建模，从而更充分地利用样本信息。Kozak A 和 Kozak R (2003)也认为将整个样本分成建模样本和检验样本进行建模的做法并不能对回归模型的评价提供额外的信息，因而建议利用整个样本进行建模。目前，许多研究认为"刀切法"(jackknifing technique)最适合被用于进行模型的检验(Dong et al., 2014; Li and Zhao, 2013; Quint, 2010)。

1.5 生物量研究展望

目前，全世界各个国家的专家和学者主要从两方面着手从事对森林生物量的研究。一方面是从森林生物量与森林生态系统中某一影响因子之间的联系着手，对森林生物量进行不断深入和细化的研究；另一方面是研究树木地上部分生物量随全球气候和环境的变化规律。总的来说，开展国家水平的森林生物量监测、建立适合较大区域范围的通用性立木生物量模型将成为必然趋势。迄今为止，很多国家已经在向这个方向努力，许多研究者建立了大区域生物量模型。而我国对生物量研究起步较晚，至今缺少全国统一的生物量基础数据和模型。直到现在，国内外没有统一的全球标准的异速方程和完整统一的方法论来计算各树种的生物量，每个国家或地区都有自己的一套标准或方案来搜集生物量数据，且建立生物量模型的方法不尽相同，这为估算全球尺度生物量和碳储量添加了一定的不确定性(Jara et al., 2015)。针对国内外生物量研究现状，作者认为以下几方面需要进一步加强。

（1）描述应用于生物量异速方程中的所有变量及其单位，单位需要用国际制单位。具体包括：①所测量的树木器官（如树干、树冠、树根）；②树高测量类型（总树高和商业树高）；③胸径测量类型（胸径测量位置）；④测量单位；⑤所有变量的定义。

（2）描述所研究的目标群体和环境条件，因为进行适当的样地环境描述可以让研究者确定是否所建立的生物量模型可以应用于他们所研究的区域。具体包括：①地理坐标（经度、纬度）和投影系统；②海拔（m）；③气候变量，如年平均温度（℃）、年平均降水量（mm/年）、干燥季长度（降水量小于 100mm 的月份）等；④林分信息，如优势树种、每公顷断面积、林分密度、坡度、坡向等；⑤土壤信息。其中，前三个是必要的信息。

（3）明确实验设计和构建稳定异速生长方程所需样本数，只有这样才能使模型更有效。具体有：①抽样标准（如径阶、树种组成）；②样本数；③胸径、树高、木材密度、各器官生物量等的取值范围；④树种拉丁名；⑤外业及内业处理方法。

（4）对生物量模型的建模方法需要进行详细阐述，具体有：①模型形式（幂函数、非线性、对数转换）；②模型误差项的确定；③可加性生物量模型（如利用 SUR 方法）；④拟合优度［如 R^2、均方根误差（RMSE）］；⑤比较模型统计量［如赤池信息准则（AIC）、贝叶斯信息准则（BIC）、F 值］；⑥模型检验（最好采用"刀切法"技术）；⑦软件版本（如 SAS、SPSS、R 语言）。

以上几点是构建生物量模型应当考虑的问题，如果全国乃至全球都按这个标准进行生物量取样和模型的构建，那么利用所建立的生物量模型估算全国及全球尺度生物量和碳储量时能减少其不确定性。

1.6 研究内容

本研究从精确估算东北林区生物量、碳储量这一目标出发，建立东北林区主要树种及林分类型生物量模型。研究内容主要包括以下几个方面。

1）模型误差结构的确定

众所周知，异速生长方程有两种误差结构：相加型和相乘型。如果异速生长方程的误差项是相加型的，非线性回归最为合适，而如果异速生长方程的误差项是相乘型的，对数转换的线性回归最为合适。为了便于客观评价模型的误差结构，本研究采用似然分析法来确定模型误差结构。

2）单木可加性生物量模型构造

目前，国内外主要有两种形式的可加性生物量模型：①分解型可加性生物量模型，②聚合型可加性生物量模型。本研究对这两种形式的可加性模型进行评价。

3）东北林区主要树种生物量分配及根茎比研究

本研究对 17 个主要树种生物量分配及根茎比进行整理，分析不同树种、不同径级、不同龄级生物量分配的变化规律。

4）东北林区主要树种生物量模型

基于 17 个树种生物量实测数据，应用似然分析法确定这 17 个树种总量及各分项生物量模型的误差结构，并建立其可加性生物量模型。

5）东北林区主要林分类型生物量分配及根茎比

利用所建立的生物量模型及主要林分类型固定样地数据，计算主要林分类型单位面积的生物量,分析其生物量分配及根茎比变化规律。

6)东北林区主要林分类型生物量估算模型研究

利用林分生物量与林分变量、林分蓄积的关系,以及生物量换算系数,建立估算林分生物量的三种可加性生物量模型(林分生物量-林分变量模型、林分生物量-林分蓄积量模型和生物量换算系数连续函数法模型),并简单比较这几种估算林分生物量方法的差异。

1.7 研究技术路线(图1-1)

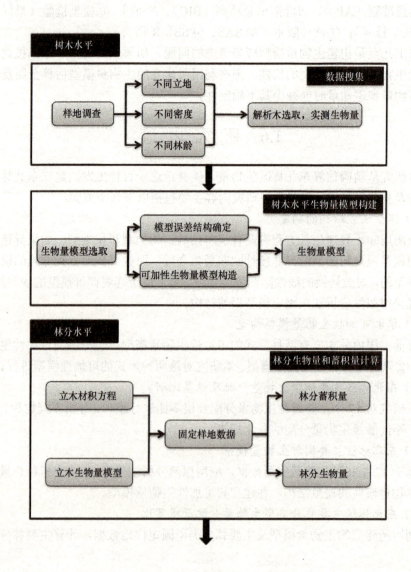

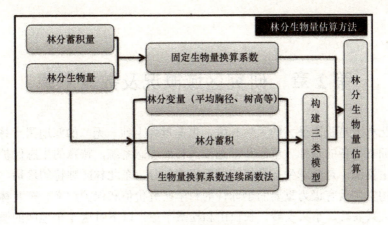

图 1-1 技术路线图

第 2 章 研究区域概况及数据来源

东北林区是我国最大的天然林区，也是世界上独一无二的寒地黑土林区。东北林区拥有完备的森林、草原和湿地三大自然生态系统，特殊的生态保护功能和多种伴生资源，是全球生态系统的重要组成部分。东北林区独特的珍稀、濒危野生动植物资源具有极为重要的全球性的科学研究价值和保护意义。东北林区主要分布在大兴安岭、小兴安岭、长白山和松嫩平原，以下对这 4 个地区的概况进行详细描述。

2.1 研究地区概况

2.1.1 地理位置

大兴安岭（Da Xing'an Ling）位于黑龙江省、内蒙古自治区东北部，面积约 8.5 万 km^2，地处北纬 50°10′~53°33′，东经 121°12′~127°00′。东与小兴安岭毗邻，西以大兴安岭山脉为界与内蒙古自治区接壤，南濒广阔的松嫩平原，北以黑龙江主航道中心线与俄罗斯为邻，全长 1220km，宽 200~300km。大兴安岭地区地形总势呈东北—西南走向，属浅山丘陵地带，海拔 200~1400m。最高海拔 1528m，是伊勒呼里山主峰——呼中区大白山；最低海拔 180m，是呼玛县三卡乡沿江村。

小兴安岭（Xiao Xing'an Ling）位于黑龙江省中北部，面积约 3.9 万 km^2，地处北纬 46°28′~49°21′，东经 127°42′~130°14′。西北接伊勒呼里山，东南到松花江畔，全长约 400km，宽约 100km。小兴安岭地区呈西北—东南走向，山势低缓，西南坡缓长，东北坡陡短，海拔 600~1000m。主峰平顶山，海拔 1429m。

长白山（Changbai Shan）位于我国黑龙江省、吉林省东部，面积约 28 万 km^2，地处北纬 38°46′~47°30′，东经 121°08′~134°00′。北起完达山脉北麓，南延千山山脉老铁山，全长约 1300km，宽 400km。长白山地区呈东北—西南走向，由平行褶皱断层山脉和盆地、谷地组成。山地海拔为 500~1000m，仅部分超过千米。

松嫩平原（Songnen Pingyuan）主要位于黑龙江省和吉林省西部，面积约 23 万 km^2，地处北纬 42°10′~51°20′，东经 121°41′~128°29′。北与小兴安岭山脉相连，东西两面分别与东部山地和大兴安岭接壤。松嫩平原的表面具有波状起伏，中部分布着众多的湿地和大小湖泊，地势比较低平，松嫩平原表面海拔为 120~300m。

2.1.2 气候

大兴安岭地区属寒温带大陆季风性气候，冬季寒冷而干燥，夏季温凉湿润，日照长，昼夜温差大。年平均气温为-2.8~-1℃，1月平均气温-28℃，7月平均气温20℃，年有效积温1700~2100℃，无霜期为80~110d，年平均降水量500~750mm。小兴安岭地区属北温带季风气候，四季分明，冬季严寒、干燥、漫长，夏季温热湿润。年平均气温-2~2℃，1月平均气温-25℃，7月平均气温22℃，年有效积温1800~2400℃，无霜期为90~120d，年平均降水量550~670mm。长白山地区温带大陆性季风气候，冬季寒冷漫长，夏季高温多雨。年平均气温为-7~3℃，1月平均气温-23℃，7月平均气温23℃，年有效积温2500~3100℃，无霜期为100~160d，年平均降水量600~900mm。松嫩平原地区属于温带大陆性半湿润季风气候，春季严寒，干燥多风，夏季温热多雨。年平均气温为0~5℃，1月平均气温-20℃，7月平均气温23℃，年有效积温2200~3100℃，无霜期为130~165d，年平均降水量400~500mm。

2.1.3 水系

大兴安岭地区水系为外流流域，流入太平洋海域的黑龙江流域区，属地表流经带的湿润带与多水带。境内较大河流有呼玛河、额木尔河、盘古河、西尔根气河、多布库尔河、甘河、那都里河等，国际河流有黑龙江，省内地区间界河有嫩江。小兴安岭地区内的河流主要有黑龙江水系的逊别拉河、沾河、乌云河等和属于松花江水系的呼兰、汤旺等。长白山地区北部和西北部属松花江水系，有松花江、牡丹江、穆棱河、倭肯河和挠力河等；东部为图们江水系，有嘎呀河和布尔哈通河、海兰江等大支流；西南部属鸭绿江和辽河水系，其支流有浑江和浑河、太子河等。松嫩平原地区的河流主要有松花江、第二松花江、嫩江、拉林河、乌裕尔河。

2.1.4 土壤

大兴安岭地区从南到北丘陵区以草甸黑土及柞树林下的暗棕壤为主，中低山区以落叶松林下发育的棕色针叶林土为主，各地沟谷中均有沼泽土分布。从东到西是：草甸黑土、暗棕壤、棕色针叶林土。小兴安岭地区土壤以暗棕色森林土为主，并有草甸暗棕色森林土，阶地上为黑土及草甸黑土，河谷地有泥炭潜育土及各类草甸土、泥炭沼泽土。长白山地区海拔从低到高垂直分布着4种类型的土壤：暗棕色森林土、棕色针叶林土、山地草甸森林土和山地苔原土。松嫩平原地区土壤类型复杂，以草甸土和黑钙土分布最广，沼泽土、盐土和沙壤土也有零星分布。

2.1.5 动植物资源

大兴安岭的有林地约 730 万 hm²，森林覆盖率达 70%以上，是中国重要的林业基地之一。主要乔木树木有落叶松属（*Larix*）、樟子松（*Pinus sylvestris*）、红皮云杉（*Picea koraiensis*）、白桦（*Betula platyphylla*）、蒙古栎（*Quercus mongolica*）、山杨（*Populus davidiana*）等。大兴安岭地区分布着许多高级的野生植物，潜在经济价值巨大。现有真菌 71 种、植物 1144 种，同时该地区还有野生植物 900 多种，如越桔属（*Vaccinium*）、红豆（*Adenanthera pavonina*）、山葡萄（*Vitis amurensis*）、黄芪（*Astragalus membranaceus*）、灵芝（*Ganoderma lucidum*）、五味子（*Schisandra chinensis*）等。大兴安岭地区有丰富的动物资源，包括鸟类 250 种，哺乳动物 56 种。

小兴安岭是中国主要林区之一。林区森林茂密，树种较多。有林地面积 280 万 hm²，森林覆盖率为 73%。主要乔木树种有红松（*Pinus koraiensis*）、云杉（*Picea asperata*）、冷杉（*Abies fabri*）、落叶松（*Larix gmelinii*）、樟子松（*Pinus sylvestris*）、水曲柳（*Fraxinus mandschurica*）、黄波罗（*Phellodendron amurense*）、胡桃楸（*Juglans mandshurica*）、杨属（*Populus*）、椴树（*Tilia tuan*）、白桦（*Betula platyphylla*）、黑桦（*Betula dahurica*）、榆树（*Ulmus pumila*）等。林区内有野生药材 320 多种，如鹿茸、熊胆、麝香、林蛙油、人参等；山野果 30 多种，如平榛、山核桃、山梨、山葡萄、猕猴桃、蓝莓等；山野菜 20 多种，如蘑菇、木耳、猴头菌、刺嫩芽、蕨菜等。小兴安岭地区有丰富的动物资源，包括兽类 50 多种，鸟类 220 多种，鱼类 70 多种。

长白山区内植物属长白山植物区系，生态系统比较完整，植物资源十分丰富。区内植被主要由红松阔叶林、针阔混交林、针叶林、岳桦林、高山苔原等组成，并从下到上依次形成 5 个植被分布带，具有明显的垂直分布规律。主要乔木树种有红松（*Pinus koraiensis*）、冷杉（*Abies fabri*）、臭冷杉（*Abies nephrolepis*）、红皮云杉（*Picea koraiensis*）、枫桦（*Betula costata*）、糠椴（*Tilia mandshurica*）、紫椴（*Tilia amurensis*）、色木（*Acer mono*）、水曲柳（*Fraxinus mandschurica*）、山杨（*Populus davidiana*）、白桦（*Betula platyphylla*）和蒙古栎（*Quercus mongolica*）等。长白山地区由于受地形、气候、土壤等自然条件的综合影响，区内药用植物有 875 种以上，如东北对开蕨、狭叶瓶尔小草、人参等；食用植物 100 多种，如野大豆、龙牙葱木、山芹、蕨类等。区内野生动物种类也繁多，资源丰富，包括鱼类 8 种，鸟类 277 种，哺乳动物 58 种。

松嫩平原以草本植被为主，乔木和灌木较少。乔木以人工林为主，如人工杨树［杨属（*Populus*）］。区内野生动植物资源丰富，其中野生维管束植物 820 种，鸟类 265 种，哺乳动物 37 种，鱼类 51 种。

2.2 单木生物量数据

2.2.1 样地设置

由于东北林区地域面积广阔，本研究将整个东北林区分为 4 个区域，即大兴安岭地区、小兴安岭地区、长白山地区和松嫩平原。2009~2014 年在这 4 个地区设置标准地，标准地所在地理位置图见图 2-1，具体取样点如下。

黑龙江大兴安岭林区：黑龙江省塔河县和新林林业局。

黑龙江小兴安岭林区：黑龙江省黑河市爱辉区、孙吴县、五大连池市、伊春市、萝北县、庆安县、通河县和依兰县。

黑龙江、吉林长白山林区：黑龙江省桦南县、勃利县、阿城区、尚志市、五常市、虎林市、鸡东市、宁安市、东宁县、穆棱林业局、吉林省松江河林业局和白山林业局。

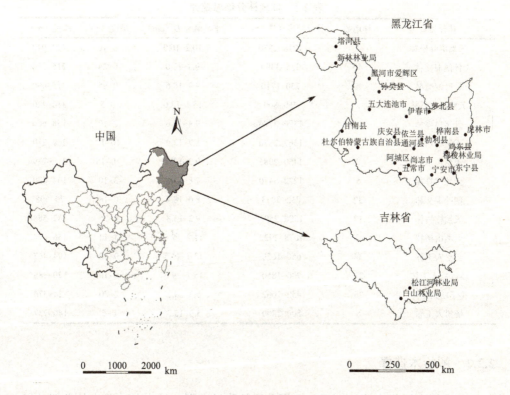

图 2-1 标准地所在地理位置图

黑龙江松嫩平原地区：黑龙江省甘南县和杜尔伯特蒙古族自治县。

在以上 4 个区域按林种、林分类型、林龄（幼龄林、中龄林、近熟林、成熟林和过熟林）、坡向（阴坡、阳坡）和密度级（疏、密）选择具有代表性地段设置标准地。在已选定的地段内林木生长情况一致、分布密度均匀、林相完整、具有代表性的地块设置的标准地面积为 20m×30m 或 30m×30m，且样地内部不能有河流、道路或者其他空地。为了确保标准地的位置和面积的准确，通常用罗盘仪和皮尺等工具对标准地的边界进行测量并且严格控制误差，要求样地周长的闭合差不能超过 1/200。

每块标准地均采用 GPS 定位，并进行每木检尺，分别实测所有树种的胸径（D，cm）、树高（H，m）、冠幅（C_W，m）和枝下高（H_b，m）等指标，有必要的时候要进行复测，避免出现不必要的误差。其中胸径用测径尺测量，精确到 0.1cm；4 个方向的冠幅半径用皮尺测定，精确到 0.01m；树高和枝下高通过超声波测高器测量，精确到 0.1m。根据每木检尺数据计算出各组成树种的断面积，并根据各树种的断面积比例，确定优势树种组和树种组成。2009~2014 年共设置了 245 块标准地，具体样地信息见表 2-1。

表 2-1　样地林分信息统计

林分类型	样地数	林分密度（株·hm^{-2}）	平均胸径 D（cm）	坡度（°）	海拔（m）
天然落叶松林	8	1218~2830	10.2~16.0	0~10	492~943
针阔混交林	46	325~3390	9.3~20.0	0~24	215~910
针叶混交林	19	750~1710	9.7~18.6	0~25	215~690
天然臭冷杉林	2	750~800	15.4~18.6	0~5	310~420
天然白桦林	16	1396~2796	9.4~18.6	2~10	158~666
天然椴树林	4	1367~2270	8.7~13.9	10~12	209~219
天然色木林	2	1450~2085	9.3~13.2	10~18	216~239
天然黑桦林	5	1222~3470	7.8~14.3	3~10	164~620
阔叶混交林	32	852~3833	8.0~18.4	0~18	79~608
天然柞树林	12	1596~2593	9.2~15.8	2~25	182~588
天然山杨林	7	1078~2922	11.2~17.5	4~14	156~678
红松人工林	34	650~1650	12.3~21.5	0~12	194~467
落叶松人工林	27	700~1850	15.7~29.6	0~10	120~385
樟子松人工林	25	452~1662	6.3~29.2	2~20	124~376
杨树人工林	6	800~2200	5.9~13.3	0~5	140~227

2.2.2　解析木选择

完成标准地每木检尺之后，根据获得的胸径数据，按十分法确定林分树种组成。天然林根据树种组成选取一种优势树种或两种优势树种的优势木、中等木和被压木各一株。人工林则将每木检尺数据分组后按断面积标准木法将林木分为5级，计算各径级的平均直径，以此为标准选择 5 株不同大小的林木作为树干解析和枝解析解析木。然后在所设置的标准地附近、具有相同生长条件的林分中按天然林和人工林树种选取原则，选取冠形良好、生长正常、无病虫害的解析木进行测定。

2.2.3 单木生物量测定及计算

2.2.3.1 树干生物量测定

树干鲜重在外业中采用全部称重法。具体方法如下。

（1）将树干按 1m 区分段，即用油锯将树干切为每段 1m，称取各区分段的树干鲜重，精确到 0.1kg，各区分段的鲜重之和即为全树干的鲜重。

（2）在各区分段的上端位置及根茎位置（0m 处）各截取一个 3~5cm 的圆盘，作为样品并称其鲜重。

（3）将圆盘样品置于 80℃恒温下烘干至恒重，进而可以得到其干重。

2.2.3.2 树枝、树叶生物量测定

由于一棵树的树枝、树叶数量很多，如果都进行测量，外业工作量相当大，很难去完成。因此，树枝和树叶的生物量采用以质量和大小为基准的标准枝法进行测量，即用抽样法测量树枝和树叶的生物量，具体步骤如下。

（1）将解析木的树冠长度平均分成上、中、下三层，将每层的枝条用枝剪沿其基部截下，然后测量每个枝条的鲜重，进而可以得到解析木树枝和树叶鲜重之和。

（2）在本研究中，阔叶树种根据每层的平均枝鲜重选取 3~5 个标准枝，而针叶树种则每一轮选一个标准枝，轮枝不明显的树种，近似一轮选一个标准枝，称其带叶枝鲜重。

（3）将标准枝上的叶与枝分离，分别称枝鲜重和叶鲜重，去叶枝鲜重与叶鲜重之和应该等于标准枝鲜重，允许有一定的偏差（一般不超过±5%）。

（4）将每层其他枝条剪成 5cm 左右的小段，混合均匀，从中抽取 100g 作为该层枝样品，每层叶混合均匀后抽取 100g 作为该层叶样品。枝和叶样品置于 80℃恒温下烘干至恒重，进而可以得到其干重。

2.2.3.3 树根生物量测定

众所周知，树根生物量测量非常困难，既费时又费力。本研究树根采用"全

挖法",分别测定大根（>5cm）、中根（2~5cm）、小根（≤2cm）的鲜重，由于小于5mm树根很难获取，因此本研究中树根不包括此部分。具体测量步骤如下：

（1）将解析木伐倒之后，挖取以根茎为圆心、3m为半径的圆内的树根。由于对于大多数树木树根的生长半径都在3m以内，因此，本研究仅挖取这个圆内的所有大根、中根和小根。

（2）具体挖根采用机械和人力的方法，即用一个动滑轮装置（俗称手拉葫芦）将大根挖出，用铁锹挖出中根和小根。然后分别称大根、中根和小根的鲜重，其和为树根总鲜重。

（3）在大根、中根和小根中分别选取100g作为样品。置于80℃恒温下烘干至恒重，称量其干重。

2.2.3.4 单株生物量计算

树木在自然状态下含水时的质量为鲜重（W_{fw}），它是将解析木伐倒后立即称量的质量。烘干后去掉水的质量称为干重（W_{dw}）。在外业中只能测得树木的鲜重，然后采用各种方法将鲜重换算为干重，最常用，也是最有效的换算方法是计算树木的干重比（P），而生物量的计算公式为 $W_{dw} = W_{fw} \times P$，式中干重比 P 可用取样测定获得，其计算公式如下：

$$P = \frac{\hat{W}}{\tilde{W}} \tag{2-1}$$

式中，$\hat{W}$ 为样品干重，$\tilde{W}$ 代表样品鲜重。

基于以上方法，本研究具体计算单木生物量的方法如下。

1）树干生物量

假设树干被区分为 i 段，W_s 和 W_i 分别代表树干总生物量和每一段树干的鲜重，P_i 为其干重比，树干生物量为 n 段树干干重之和（包括树梢），其计算公式为

$$W_s = \sum_{i=1}^{n} W_i \times P_i \tag{2-2}$$

2）树枝和树叶生物量

对于针叶树种来说，假设一棵树有 n 个轮枝，m 为每一轮的枝数，W_{ij} 为第 i 轮枝第 j 个树枝总鲜重，P_i' 和 P_i'' 分别为其枝、叶干重比，B_i' 和 B_i'' 分别为枝、叶鲜重所占百分比，枝生物量（W_b）为所有去叶枝的干重之和，叶生物量（W_f）为所有叶的干重之和，树枝生物量（W_{b+f}）等于枝、叶干生物量之和，其计算公式为

$$W_b = \sum_{i=1}^{n} \sum_{j=1}^{m} W_{ij} \times B_i' \times P_i' \tag{2-3}$$

$$W_f = \sum_{i=1}^{n} \sum_{j=1}^{m} W_{ij} \times B_i'' \times P_i'' \tag{2-4}$$

$$W_{b+f} = W_b + W_f \tag{2-5}$$

对于阔叶树来说，假设 W_T、W_M 和 W_B 分别代表树冠上层、中层和下层树枝总鲜重，P 为各层枝或叶的干重比，B 为各层枝或叶鲜重所占百分比，树枝生物量计算过程如下：

$$\begin{aligned} W_{b+f} &= W_T \times B_{Tb} \times P_{Tb} + W_T \times B_{Tf} \times P_{Tf} + W_M \times B_{Mb} \times P_{Mb} \\ &\quad + W_M \times B_{Mf} \times P_{Mf} + W_B \times B_{Bb} \times P_{Bb} + W_B \times B_{Bf} \times P_{Bf} \end{aligned} \tag{2-6}$$

式中，Tb 和 Tf 分别代表上层枝和叶；Mb 和 Mf 分别代表中层枝和叶；Bb 和 Bf 分别代表下层枝和叶。

3) 树根生物量

假设 W_{rL}、W_{rM} 和 W_{rS} 分别代表每棵树大根、中根、小根鲜重，P 为大根、中根或小根干重比，则树根总生物量计算公式为

$$W_r = W_{rL} \times P_{rL} + W_{rM} \times P_{rM} + W_{rS} \times P_{rS} \tag{2-7}$$

式中，rL、rM 和 rS 分别代表大根、中根和小根。

2.3 林分生物量数据

2.3.1 固定样地数据

本研究建立林分生物量模型的数据来自大兴安岭东部（即未包括内蒙古部分）、吉林省和黑龙江省（除大兴安岭）的天然次生林、人工林固定样地数据。将各样地资料经过整理建立数据库，根据每木检尺数据计算样地各林分调查因子。林分调查因子的具体计算过程为：①分树种计算其平均直径、平均高、每公顷株数、每公顷断面积、每公顷蓄积量等，并根据标准地内各树种的蓄积组成来确定林分的优势树种（组）和林分类型；②按标准地计算各林分优势树种平均直径（D_g，cm）、平均直径（D_q，cm）、林分平均高（H，m）和每公顷株数（N，株·hm^{-2}）、每公顷断面积（G，m^2·hm^{-2}）、每公顷蓄积量（V，m^3·hm^{-2}）。由于大兴安岭东部、吉林省和黑龙江省（除大兴安岭）各林分类型的划分标准有一些不同。因此，按照林分类型划分标准的不同及样本数大小，本研究将固定样地数据分为三个区域，即黑龙江省大兴安岭林区，吉林省长白山林区，以及黑龙江省小兴安岭、长白山林区，并对这三个区域分别构建各林分类型生物量模型。需要说明的是，考虑到黑龙江小兴安岭、长白山林区固定样地数相对较少，且在小兴安岭和长白山林区的分布不均匀，因此本研究在进行分区时，未将其分为黑龙江省小兴安岭林区和

黑龙江长白山林区。以下为三个区域各林分类型的划分标准。

1）黑龙江省大兴安岭林区

（1）白桦林：白桦占70%以上的林分。

（2）阔叶混交林：阔叶树种占70%以上，且白桦、杨树组成在70%以下的林分。

（3）落叶松林：落叶松占70%以上的林分；包括人工和天然落叶松林。

（4）杨桦林：包括山杨林；桦树（白桦和黑桦）和杨树组成占70%以上的林分。

（5）针阔混交林：针叶树和阔叶树各占40%~60%甚至更多的林分。

（6）针叶混交林：包括云杉林；针叶树占70%以上的林分。

2）吉林省长白山林区

（1）白桦林：白桦占70%以上的林分。

（2）阔叶混交林：阔叶树种占70%以上的林分。

（3）落叶松林：落叶松占70%以上的林分。

（4）落叶松人工林：人工落叶松占70%以上的林分。

（5）山杨林：山杨占70%以上的林分。

（6）柞树林：柞树占70%以上的林分。

（7）杨桦林：桦树（白桦和黑桦）和杨树组成占70%以上的林分。

（8）针阔混交林：天然针叶树和阔叶树各占40%~60%甚至更多的林分。

（9）针叶混交林：天然针叶树占70%以上的林分。

3）黑龙江省小兴安岭、长白山林区

（1）白桦林：白桦蓄积≥65%的林分。

（2）黑桦林：黑桦蓄积≥65%的林分。

（3）人工红松林：人工红松蓄积≥65%的林分。

（4）阔叶混交林：阔叶树种蓄积合计≥65%以上的林分。

（5）落叶松林：落叶松蓄积≥65%的林分。

（6）落叶松人工林：人工落叶松蓄积≥65%的林分。

（7）山杨林：山杨蓄积≥65%的林分。

（8）杨树人工林：人工杨树林蓄积≥65%的林分。

（9）柞树林：柞树蓄积≥65%的林分。

（10）樟子松人工林：人工樟子松蓄积≥65%的林分。

（11）针阔混交林：天然针叶树种和阔叶树种各占40%~60%甚至更多的林分。

（12）针叶混交林：天然针叶树种占70%以上的林分。

表2-2给出了黑龙江省大兴安岭林区，吉林省长白山林区，以及黑龙江省小兴安岭、长白山林区各林分类型样地林分因子统计量。

表 2-2 东北林区各林分类型样地林分因子统计量

地区	林分类型	样本数	统计量	海拔 (m)	坡度 (°)	D_g (cm)	D_q (cm)	H (m)	N (株·hm^{-2})	G (m^2·hm^{-2})	V (m^3·hm^{-2})
黑龙江省大兴安岭	白桦林	861	Min	160	0	5.2	5.3	5.0	200	0.5	1.7
			Max	1150	26	28.7	23.2	24.0	3533	30.8	226.0
			Mean	589	7	11.8	11.1	11.9	1218	11.4	68.1
			Std	183	5	4.2	3.3	3.3	671	6.5	43.1
	阔叶混交林	410	Min	251	0	5.6	5.4	5.0	200	0.8	3.2
			Max	950	35	41.0	27.0	23.1	3150	37.3	298.8
			Mean	492	8	14.6	12.9	11.2	1193	14.0	78.8
			Std	120	6	5.8	4.1	3.6	597	6.4	44.2
	落叶松林	1515	Min	220	0	6.0	6.0	5.0	200	0.6	2.3
			Max	1190	28	46.3	36.7	58.7	3950	39.6	340.0
			Mean	636	7	16.4	13.9	14.0	1108	15.3	105.6
			Std	210	5	6.6	4.2	4.3	663	7.7	58.4
	杨桦林	235	Min	245	0	5.3	5.3	5.1	200	0.7	2.6
			Max	820	25	38.9	24.1	23.2	3433	36.2	288.2
			Mean	483	7	13.8	12.1	13.1	1521	16.7	109.8
			Std	140	4	6.1	3.8	4.2	699	7.7	59.1
	针阔混交林	1037	Min	210	0	5.9	6.9	5.0	217	1.0	4.5
			Max	1180	27	46.7	27.0	32.3	3350	36.5	291.6
			Mean	593	7	15.2	12.7	12.8	1363	16.0	104.7
			Std	206	5	6.7	3.0	3.5	689	6.7	47.7
	针叶混交林	255	Min	260	0	6.4	6.3	5.4	200	1.2	10.3
			Max	1052	26	45.4	33.1	23.6	3933	33.3	288.8
			Mean	604	9	17.3	14.2	13.7	1204	17.1	121.8
			Std	196	7	7.5	4.5	4.0	597	6.9	57.2
吉林省长白山	白桦林	393	Min	0	0	6.3	6.6	5.0	300	1.9	9.7
			Max	1282	20	38.8	26.7	25	3467	40.8	345.3
			Mean	713	4	19.0	15.3	13.8	1083	19.0	142.1
			Std	272	4	5.7	3.2	4.1	503	7.3	59.9
	阔叶混交林	6756	Min	0	0	5.9	6.2	5.0	300	1.1	5.2
			Max	1500	51	110.8	39	28.0	3767	57.4	536.2
			Mean	787	10	25.5	17.3	14.0	1002	21.2	164.4
			Std	843	9	12.9	4.7	3.7	488	8.1	72.1
	落叶松林	471	Min	0	0	7.9	7.9	5.0	300	2.0	9.8
			Max	1399	23	64.6	37.9	35.3	2050	48.1	507.7
			Mean	1048	2	21.1	17.3	16.3	810	17.8	151.7
			Std	312	3	9.6	5.6	5.6	395	9.1	93.9

续表

地区	林分类型	样本数	统计量	海拔(m)	坡度(°)	D_g(cm)	D_q(cm)	H(m)	N(株·hm^{-2})	G(m^2·hm^{-2})	V(m^3·hm^{-2})
吉林省长白山	落叶松人工林	355	Min	0	0	5.6	5.6	3.0	300	0.9	3.9
			Max	1467	42	29.6	25.6	22.5	4200	44.7	349.8
			Mean	784	8	14.8	13.7	11.7	1260	17.3	132.7
			Std	525	7	4.8	4.0	4.5	652	7.9	69.6
	山杨林	328	Min	0	0	6.1	6.1	5.0	300	1.3	6.0
			Max	1263	34	59.9	26.7	28.7	3333	52.2	454.1
			Mean	783	8	22.0	15.4	13.6	1274	22.6	171.2
			Std	216	7	10.5	4.1	4.6	562	9.8	85.9
	柞树林	644	Min	0	0	7.6	7.6	5.0	300	2.0	8.9
			Max	1230	40	53.0	36.2	22.5	4117	57.6	531.2
			Mean	724	16	20.0	16.9	13.4	1233	25.2	181.5
			Std	504	8	7.5	4.4	3.4	530	8.4	76.3
	杨桦林	80	Min	0	0	8.0	8.1	7.7	467	5.0	29.7
			Max	1325	18	52.0	20.3	26.0	3000	37.0	314.2
			Mean	532.16	3	20.0	14.7	15.6	1238	20.0	147.9
			Std	399.534	5	8.0	3.1	3.9	505.6	7.0	58.8
	针阔混交林	1725	Min	0	0	5.6	6.1	5.0	300	1.1	5.1
			Max	1764	45	97.5	34	34	4750	63.3	611.7
			Mean	804	8	24.5	16.9	14.5	1087	21.8	174.4
			Std	252	7	13	5	4.1	556	8.8	83.1
	针叶混交林	807	Min	0	0	6.1	6.1	5.0	300	2.4	9.1
			Max	1996	34	101.5	39.3	29.7	4217	62.4	642.9
			Mean	868	7	27.1	18.3	15.6	1036	24.3	208.5
			Std	275	7	14.5	5.7	5.0	548	10.5	114.0
黑龙江省小兴安岭和长白山	白桦林	388	Min	40	0	5.6	5.6	5.0	200	0.7	2.9
			Max	770	18	29.4	23.6	21.2	3367	33.6	217.9
			Mean	405	4	12.9	11.6	12.6	1005	10.3	60.9
			Std	123	3	4.5	3.1	3.4	614	6.3	41.4
	黑桦林	97	Min	104	1	6.6	6.5	5.2	267	2.1	9.3
			Max	750	25	48.6	21.6	19.3	1983	25.5	162
			Mean	357	7	15.1	12.5	11.2	985	11.5	60.0
			Std	114	5	6.6	3.3	2.9	457	5.7	33.9
	红松人工林	51	Min	200	3	10.6	9.5	5.5	267	3.2	13.9
			Max	620	29	80.2	32.3	31.5	3600	35.9	279.7
			Mean	391	13	20.8	15.9	11.5	1328	23.2	116.7
			Std	105	5	14.2	4.8	4.7	652	7.3	59.1

续表

地区	林分类型	样本数	统计量	海拔(m)	坡度(°)	D_g(cm)	D_q(cm)	H(m)	N(株·hm^{-2})	G(m^2·hm^{-2})	V(m^3·hm^{-2})
黑龙江省小兴安岭和长白山	阔叶混交林	2522	Min	0	0	5.6	5.7	5.0	200	0.8	3.3
			Max	1450	39	75.3	32.5	25.5	4250	41.6	337.2
			Mean	419	9	17.9	13.9	12.6	1167	16.2	98.4
			Std	188	6	8.9	3.9	3.5	603	7.0	50.1
	落叶松林	74	Min	130	0	6.8	6.8	5.1	200	1.1	3.6
			Max	644	18	59	26.2	26.3	2850	32.5	225.7
			Mean	403	3	18.1	14.8	13.7	731	12.1	82.8
			Std	101	3	8.9	4.5	4.6	476	8.1	57.9
	落叶松人工林	307	Min	56	0	5.6	5.6	5.0	200	1.4	5.7
			Max	640	27	32.5	26.9	22.8	4417	30.9	247.5
			Mean	314	6	14.3	13.1	12.6	1191	14.4	85.6
			Std	118	5	5.3	4.3	4.0	683	7.2	50.4
	山杨林	125	Min	44	0	5.8	5.7	5.3	250	0.7	2.1
			Max	790	30	40.2	24.4	22.9	4567	42.3	311.8
			Mean	338	6	16.7	13.5	13.7	1308	17.3	112.2
			Std	177	5	7.6	4.5	4.8	701	8.9	69.5
	杨树人工林	181	Min	60	0	5.4	5.4	5.0	200	0.6	3.3
			Max	390	15	32.2	32.2	24.2	2117	47.9	375.0
			Mean	176	2	15.4	15.2	12.2	717	12.2	84.1
			Std	54	2	6.6	6.5	4.3	409	8.2	59.3
	柞树林	661	Min	45	0	5.6	5.7	5.1	200	1.3	5.3
			Max	962	38	38.4	30.2	19.6	4317	48.6	344.5
			Mean	399	13	15.5	14.3	11.0	1351	18.1	99.3
			Std	150	9	6.4	4.7	3.0	778	7.2	46.4
	樟子松人工林	71	Min	57	0	10.2	8.9	5.8	200	3.7	17.9
			Max	560	31	28.3	26.3	18.4	2933	38.1	222.9
			Mean	275	11	17.7	15.5	11.3	1213	19.5	90.8
			Std	118	8	4.8	3.6	2.6	763	8.1	43.9
	针阔混交林	519	Min	120	0	5.9	6.4	5.4	217	0.9	3.6
			Max	1420	37	100.5	37.6	25.2	3933	42.8	426.1
			Mean	508	8	19.9	14.3	12.6	1193	17.4	119.5
			Std	235	7	12	4.3	3.5	646	8.0	68.8
	针叶混交林	173	Min	150	0	8.3	8.0	5.5	217	1.4	6.5
			Max	1430	19	61.6	26.2	26.8	3150	35.1	378.4
			Mean	593	7	19.9	14.9	12.8	1104	18.1	132.0
			Std	261	5	9.0	3.5	3.4	540	7.6	67.2

注:D_g 为优势树种平均直径;D_q 为林分平均直径;H 为林分平均高;N 为每公顷株数;G 为每公顷断面积;V 为每公顷蓄积量。Min 为最小值;Max 为最大值;Mean 为平均值;Std 为标准差

2.3.2 林分生物量计算

目前，林分生物量主要通过生物量模型来进行计算（Pare et al.，2013；Castedo-Dorado et al.，2012）。本书利用本研究所建立的 17 个树种生物量模型（见第 6 章），结合东北林区固定样地数据，进而可以计算出固定样地的每公顷生物量，以便对林分生物量进行研究。需要说明的是：少量样地含有天然枫桦和黄菠萝这两个树种，但其树种组成不足一成。但对于这两个树种来说，本研究没有其相应的生物量模型。因此，其生物量的具体计算方法为：①枫桦生物量用白桦生物量模型计算（白桦与枫桦相近）；②黄菠萝生物量采用董利虎等（2011）的"水胡黄"生物量模型计算。

2.4 本章小结

本章主要对研究地概况及数据搜集的方法进行描述，并详细说明单木生物量及林分生物量的计算方法。

第 3 章 生物量模型误差结构研究

选择合适的生物量模型和判断生物量模型的误差结构对于拟合生物量模型有着重要的意义。本章简单阐述异速生长方程在生物量模型中的应用,详细阐述判断异速生长模型误差结构的似然分析法。

3.1 异速生物量模型

异速生长关系为树木结构和功能指标(如材积、生物量)与易测树木因子(如胸径、树高)间数量关系的统称。在许多研究中,异速生长方程经常被作为生物量模型,是最常见的估计森林生态系统生物量的方法。通常来讲,最常用的异速生长方程有以下两类。

非线性(误差相加):$W = a_0 X_1^{a_1} X_2^{a_2} \cdots X_i^{a_i} + \varepsilon$ \hfill (3-1)

非线性(误差相乘):$W = a_0 X_1^{a_1} X_2^{a_2} \cdots X_i^{a_i} \cdot \varepsilon$ \hfill (3-2)

式中,W 为生物量(kg);自变量 X_1,X_2,$\cdots$,X_i 为树木因子,如胸径、树高、冠幅、年龄等;a_1,a_2,$\cdots$,a_i 为模型的参数;ε 为误差项。式(3-1)和式(3-2)的唯一区别是误差项的结构,式(3-1)假设异速生长方程的误差结构是相加型的,而式(3-2)假设异速生长方程的误差结构是相乘型的。

目前,许多研究者(Ngomanda et al.,2014;董利虎等,2013b;Muukkonen,2007;Zabek and Prescott,2006)所选用的生物量模型自变量主要为:胸径(D)、树高(H)、冠幅(C_W)、冠长(C_L)等或者这些自变量的组合,如 D^2、$D \cdot H$、$D^2 \cdot H$、$D \cdot C_W$ 和 $D \cdot C_L$,几个常用的异速生长方程见表3-1。

表 3-1 不同的异速生长方程

方程编号	方程形式
1	$W = a \cdot D^b$
2	$W = a \cdot D^b \cdot H^c$
3	$W = a \cdot (D^2 \cdot H)^b$
4	$W = a \cdot D^b \cdot H^c \cdot C_W^d$
5	$W = a \cdot D^b \cdot H^c \cdot C_L^d$
6	$W = a \cdot D^b \cdot H^c \cdot C_L^d \cdot C_W^e$

表 3-1 仅给出了几种常见的异速生长方程的形式。在建立生物量模型时，考虑到模型的主要目的是预测，所以尽可能选用在林木中较易获取的测树因子。胸径和树高在林木中容易获取，而且数据相对较准确；立木的冠幅和冠长不容易获取，且准确性相对较差。所以方程 $W=a·D^b$，$W=a·D^b·H^c$ 和 $W=a·(D^2·H)^b$ 经常被用来进行生物量模拟（Dong et al.，2015，2014；董利虎等，2011；曾伟生和唐守正，2011a；曾伟生等，2010；Bi et al.，2004）。

3.2 生物量模型误差结构分析

异速生长方程 $W=a·D^b$、$W=a·D^b·H^c$ 和 $W=a·(D^2·H)^b$ 通常有两种形式的误差结构：相加型和相乘型。对数转换的线性回归和非线性回归通常被用于拟合异速生长方程，选择对数转换的线性回归还是非线性回归主要依赖于异速生长方程的误差结构。如果异速生长方程的误差项是相加型的，非线性回归最为合适，其主要通过非线性最小二乘法拟合原始数据，而如果异速生长方程的误差项是相乘型的，对数转换的线性回归最为合适。本章利用兴安落叶松生物量实测数据，以方程 $W=a·D^b$ 为例对生物量模型误差结构进行探讨。

3.2.1 数据与方法

3.2.1.1 数据

本章以东北林区兴安落叶松生物量实测数据为例，详细阐述生物量模型误差结构的确定过程。解析木共 122 株，采集点主要为黑龙江省小兴安岭和大兴安岭，全部解析木实测胸径和树高，将解析木伐倒后准确测量其生物量。其解析木所在林地信息、解析木信息及生物量统计量见表 3-2 和表 3-3。

表 3-2 解析木所在林分类型特征

林分类型	树种组成	样地数	林分密度（株·hm^{-2}）	胸径（cm）	坡度（°）	海拔（m）
落叶松林	①10 LA	8	1218~2830	10.2~16.0	0~10	492~943
	②9 LA 1 WB	6	325~3390	9.3~20.0	0~5	433~619
	③8 LA 2 WB	5	725~2240	8.9~18.8	0~5	510~960
	④7 LA 3 WB	6	1431~2690	7.0~16.3	0~15	431~610
混交林	①6 LA 4 WB	5	838~2470	8.8~19.4	0~5	433~941
	②6 LA 4 DP	1	800	14.1	8	550
	③6 WB 4 LA	1	2380	8.7	12	640
	④5 LA 5 WB	5	137~1930	11.4~12.6	0~5	618
	⑤5 LA 4 DP 1 WB	3	1000~1820	9~18.9	5~10	578~630
	⑥4 LA 3 DP 3 WB	3	1650~2820	8.1~14.2	0~5	439~617

注：树种组成指组成林分各树种蓄积所占的比例，在表中 LA 代表落叶松，WB 代表白桦，DP 代表山杨

表 3-3　解析木生物量统计（$N=122$）

变量	Mean	Std	Min	Max
胸径（cm）	16.1	6.5	6.5	38.1
树高（m）	14.9	3.8	5.4	24.4
总生物量（kg）	151.8	157.7	8.5	950.7
年龄（年）	41.0	11.0	23.0	70.0

注：Min、Max、Mean 和 Std 分别代表最小值、最大值、平均值和标准差

3.2.1.2　似然分析法

通常来说，有两种方法去拟合异速生长方程 $W=a·D^b$：①原始数据的非线性回归（NLR）；②对数转换的线性回归（LR）。非线性回归与对数转换的线性回归最本质的区别在于幂函数假设的误差结构不同。在非线性回归中，假设异速生长方程误差项是正态的、相加的，其形式如下：

$$Y = a·X^b + \varepsilon \qquad \varepsilon \sim N(0, \sigma^2) \qquad (3\text{-}3)$$

相反，在对数转换的线性回归中，假设其误差项是对数正态的、相加的：

$$\ln Y = \ln a + b·\ln X + \varepsilon \qquad \varepsilon \sim N(0, \sigma^2) \qquad (3\text{-}4)$$

这种误差结构其实是一种对数正态分布，相乘性误差结构出现在幂函数中：

$$Y = a·X^b·e^{\varepsilon} \qquad \varepsilon \sim N(0, \sigma^2) \qquad (3\text{-}5)$$

Xiao 等（2011）提出了用似然分析法去检验幂函数的误差结构。在这个方法中，赤池信息量准则（AICc）被用来衡量一个统计模型的拟合优度。对于一个幂函数关系的数据，可以比较容易地计算出原始数据的非线性回归与对数转换的线性回归的似然值（likelihood）和 AICc 值。AICc 值可以通过以下协定规则进行比较：如果|ΔAICc|（即两个模型的 AICc 不同）小于 2，两个模型没有明显的区别。否则，拥有较小 AICc 的模型被认为有更好的数据支持。

然而，非线性回归是基于未转化的生物量数据，而对数转换的线性回归拟合对数转换的数据。为了比较两种模型形式的 AICc，对数转换数据的概率密度函数必须通过雅克比式转化，来保持总概率，这种转化可计算出对数转换数据的似然值，进而可以计算出 AICc 值，用来进行模型误差结构的确定。总之，对数转换的线性回归用最大似然法估计其参数 a、b 和 σ^2，之后可以计算出模型的 $\ln Y$，进而求反对数，得出原始数据 Y。为了清楚起见，令 $Z=\ln Y=\ln(Y)$ 和 $\ln X=\ln(X)$，相乘型误差结构模型有一个正态概率密度函数：

$$f(Z) = \frac{1}{\sqrt{2\pi\sigma^2}} e^{\frac{-(Z-(\ln a + b\ln X))^2}{2\sigma^2}}$$

另外，$g(y)$ 和 $G(y)$ 分别代表原始数据的概率密度函数和分布函数。按照定义，

$G(Y) = P(Y \leqslant y)$，且 $\ln Y$ 是单调的：

$$G(Y) = P(\ln Y \leqslant \ln y) = F(Z \leqslant \ln y) = \int_{-\infty}^{\ln y} f(z) \mathrm{d}z$$

进而获取原始数据的概率密度函数：

$$\frac{\mathrm{d}}{\mathrm{d}y} G(Y) = \frac{\mathrm{d}}{\mathrm{d}y} \int_{-\infty}^{\ln y} f(z) \mathrm{d}z = f(\ln y) \frac{\mathrm{d}}{\mathrm{d}y} \ln y = \frac{f(\ln y)}{y}$$

这表明相乘型误差结构模型的对数似然值（log-likelihood）的每一项必须除以 y 后，才可以直接比较相加型误差结构模型和相乘型误差结构模型的 AICc 值。

为了更好地运用似然分析法去判断模型的误差结构，Xiao 等（2011）给出了使用此方法的步骤。

（1）首先，我们分别用非线性回归[式（3-3）]和线性回归[式（3-4）]拟合数据，估计出每个模型的参数 a、b 和 σ^2。然后，用以下两个公式分别计算相加型和相乘型误差结构幂函数的似然值。

$$L_{\text{norm}} = \prod_{i=1}^{n} \left(\frac{1}{\sqrt{2\pi\sigma_{\text{NLR}}^2}} e^{\frac{-\left(y_i - \left(a_{\text{NLR}} X_i^{b_{\text{NLR}}}\right)\right)^2}{2\sigma_{\text{NLR}}^2}} \right) \tag{3-6}$$

$$L_{\ln} = \prod_{i=1}^{n} \left(\frac{1}{y_i \sqrt{2\pi\sigma_{\text{LR}}^2}} e^{\frac{-\left(\log y_i - \log\left(a_{\text{LR}} X_i^{b_{\text{LR}}}\right)\right)^2}{2\sigma_{\text{LR}}^2}} \right) \tag{3-7}$$

式中，n 为样本数。因此，每个模型的 AICc 能够通过以下公式进行计算：

$$\text{AICc} = 2k - 2\ln L + \frac{2k(k+1)}{n-k-1} \tag{3-8}$$

式中，k 是模型参数的个数（a、b 和 σ^2）。将非线性回归的 AICc 命名为 $\text{AICc}_{\text{norm}}$，对数转换的线性回归的 AICc 命名为 $\text{AICc}_{\ln}$。

（2）如果 $\text{AICc}_{\text{norm}} - \text{AICc}_{\ln} < -2$，可以判断幂函数的误差项是相加的，模型应该用非线性回归进行拟合；如果 $\text{AICc}_{\text{norm}} - \text{AICc}_{\ln} > 2$，则幂函数的误差项是相乘的，模型应该对数转换的线性回归进行拟合；如果 $|\text{AICc}_{\text{norm}} - \text{AICc}_{\ln}| \leqslant 2$，两种误差结构的假设都不合适，此时模型求平均值可能是最好的办法。

通常来说，胸径（D）和生物量关系非常密切，异速生长方程 $W = a \cdot D^b$ 经常被用来作为生物量模型。对于本章节来说，我们首先用非线性回归和对数转换线性回归分别拟合落叶松总量及各分项生物量模型，得出每个模型的 3 个参数，之后计算出 ΔAICc 值（即 $\text{AICc}_{\text{norm}} - \text{AICc}_{\ln}$）去判断异速生长方程的误差结构，进而选择用非线性回归还是对数转换线性回归去拟合生物量模型。

3.2.2 误差结构结果分析

对于本研究,我们分别用假设误差结构为相加型的式(3-4)和假设误差结构为相乘型的式(3-5)拟合落叶松总量及各分项生物量数据,获取了非线性模型的 $AICc_{norm}$ 和线性模型的 $AICc_{ln}$。然后,用 $\Delta AICc$ ($AICc_{norm}-AICc_{ln}$) 来表示这两种模型 AICc 值的不同(表3-4)。结果表明,落叶松总量和各分项生物量模型的 $\Delta AICc$ 都大于 2。因此,可以认为落叶松总量和各分项生物量模型的误差结构是相乘型的,对数转换的线性回归更适合被用来拟合生物量数据。

树根生物量模型的 $\Delta AICc$ 较大,因此,我们以树根生物量模型为例来说明模型误差结构的意义。这两种回归模型有着不同的斜率(LR 为 2.7610,NLR 为 2.4980)和截距 [LR 为 –4.2896,NLR 为 ln(0.0303)= –3.4966]。表3-5 给出了两种数据形式下对数转换线性回归与非线性回归拟合统计量。然而,只有当两个模型有相同的自变量,该模型的比较才是有效的。因此,我们重新计算拟合统计量[确定系数(R_a^2)和 RMSE]:①假设对数转换数据形式比较适宜(即相乘型误差结构),LR 模型的拟合统计量来自于模型拟合过程,而 NLR 模型的拟合统计量需要通过 NLR 预测值和残差值的对数转换重新计算;②假设原始数据形式比较适宜(即相加型误差结构),NLR 模型的拟合统计量来自于模型拟合过程,而 LR 模型的拟合统计量需要通过 LR 预测值和残差值的反对数转换重新计算。结果显示,

表 3-4 落叶松生物量模型误差结构似然分析统计信息

类别	k	N	$AICc_{norm}$	$AICc_{ln}$	$\Delta AICc$
总生物量	3	122	1151.19	1038.11	113.08
地上生物量	3	122	1049.74	963.99	85.76
地下生物量(树根)	3	122	1008.94	867.27	141.68
树干生物量	3	122	1048.49	967.50	80.99
树枝生物量	3	122	598.79	505.13	93.66
树叶生物量	3	122	290.14	276.27	13.87
树冠生物量	3	122	610.45	540.31	70.14

表 3-5 对数转换形式和原始数据形式的落叶松树根生物量对数转换线性回归和非线性回归拟合统计量

统计量	对数转换形式		原始数据形式	
	LR	NLR[①]	LR[②]	NLR
R_a^2	0.906	0.898	0.878	0.897
MSE	0.35	0.36	16.33	14.95

注:①重新计算基于非线性回归的预测值和残差值;②重新计算基于对数转换线性回归的预测值和残差值。

与许多研究结果一致,对于对数转换数据形式和原始数据形式,LR 和 NLR 有着一样好的拟合效果。对数转换能够减小两种拟合方法(LR 和 NLR)的不同(表 3-5)。

图 3-1 给出了落叶松树根两种生物量数据形式的观测值和预测值,其中实线代表 LR 模型的预测值,虚线代表 NLR 模型的预测值。当使用对数转换数据时,NLR 模型会高估小树的树根生物量,而低估大树的树根生物量[图 3-1(A)]。当使用原始数据时,对于 $D<25cm$ 的树木,非线性回归和对数转换的线性回归对于树根生物量的预测基本没有差异[图 3-1(B)],但对于 $D>25cm$ 的大树来说,两种模型有着明显的区别。仔细观察图 3-1,对于大树来说,树根生物量的绝对偏差较大,但不同胸径的绝对偏差百分比相对保持不变,这也与似然分析支持对数正态误差结构模型是一致的。由于非线性回归对大树的绝对残差值比较敏感,因此相加型的、正态误差结构模型会产生不切合实际的模型预测值,相反,对数转换的线性回归对于描述不同径级的树根生物量有着明显的优势(图 3-1)。

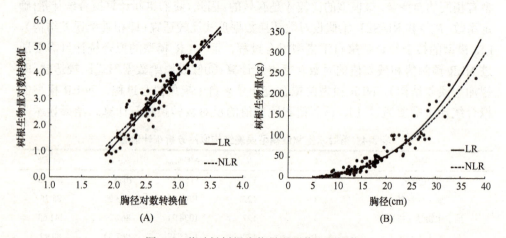

图 3-1　落叶松树根生物量观测值和预测值
实线代表对数转换回归(LR)[式(3-5)]的预测值,虚线为非线性回归的预测值(NLR)[式(3-4)]。
(A)对数转换数据形式;(B)原始数据形式

本研究还计算了落叶松树根两种生物量模型(LR 和 NLR)在不同胸径范围的平均百分比差异(MPD)[式(3-9)](图 3-2),当假设模型为相乘型误差结构时(对数形式数据),与 LR 模型相比,NLR 模型(错误的假设)对于小树(5~10cm 和 10~15cm)产生较大的平均百分比差异[图 3-2(A)]。当假设模型为相加型误差结构时(原始数据形式),与 NLR 模型相比,LR 模型(错误的假设)对于大树($D>25cm$)产生较大的平均百分比差异[图 3-2(B)]。由图 3-2 还可以看出,不同胸径的平均百分比差异相对保持不变,再次与似然分析支持对数正态误差结构模型保持一致。

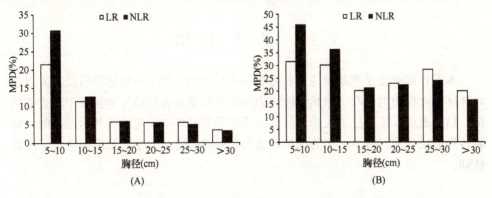

图 3-2 对数转换数据（A）和原始数据（B）形式的落叶松树根生物量
对数转换线性模型和非线性模型产生的平均百分比差异

$$\text{MPD} = \frac{\sum_{i=1}^{N} \left| \frac{Y_i - \hat{Y}_i}{Y_i} \right| \times 100\%}{N} \quad (3\text{-}9)$$

式中，N 为样本总数，Y_i 是第 i 个观测值，$\hat{Y}_i$ 是用全部数据拟合回归方程计算的 Y_i 的预测值。

3.3 讨　论

异速生长方程 $Y=a \cdot X^b$ 经常被用作生物量模型。在实际中，对数转换的线性回归经常被用来拟合异速生长方程。许多研究表明，异速生长方程的对数转换形式通常被用来进行生物量数据的拟合（Zianis et al., 2011; Wang, 2006; Zianis and Mencuccini, 2003; Smith and Brand, 1983）。此外，利用异速生长方程直接拟合原始生物量数据也能提供和对数转换形式一样好的拟合效果（Chan et al., 2013; Lambert et al., 2005; Bi et al., 2004; Parresol, 2001）。为了评价模型的误差结构，Bi 等（2004）提出用非线性回归与对数转换的线性回归的均方误差比值（MSE ratio）来判断幂函数的误差结构。Xiao 等（2011）和 Ballantyne（2013）提出，用似然分析法（likelihood analysis）去判定幂函数的误差结构。与均方误差比值法相比，似然分析法被认为更符合核心统计原则，更适合用来确定模型的误差结构（Ballantyne, 2013）。

虽然有时候非线性回归和线性回归可能得到非常接近的拟合效果和预测能力，但是本研究认为在构建生物量之前，确定模型的误差结构是必要的。目前，在国内外林业界，很少有人用似然分析法去确定异速生长方程的误差结构（Dong et al., 2013; Lai et al., 2013）。

3.4 本章小结

本章详细阐述了判断异速生长方程误差结构的方法——似然分析法，并以东北林区落叶松为例，利用似然分析法去判断其总量及各分项生物量模型的误差结构。结果表明，落叶松总生物量及各分项生物量模型的误差结构都为相乘的，对数转换的线性回归具有一定的优势。这为之后建立可加性生物量模型奠定了理论基础。

第 4 章 单木可加性生物量模型研究

目前，总量和各分项生物量方程被分为不可加性和可加性。不可加性生物量方程实质上是分别拟合了总量和各分项生物量。因此，立木总生物量等于各分项生物量之和这一逻辑关系不成立。相反，可加性生物量方程同时拟合了总量和各分项生物量，并考虑同一解析木总量、各分项生物量之间的内在相关性。因此，立木总生物量等于各分项生物量之和。本章对单木可加性生物量模型进行研究，分析不同结构可加性生物量模型的优劣势。

4.1 可加性生物量模型结构

为了满足立木总生物量等于各分项生物量之和这一逻辑关系，就需要各分项生物量模型之间具有可加性或相容性。目前，国内外主要有两种形式的可加性生物量模型（Dong et al., 2015, 2014; Balboa-Murias et al., 2006; 董利虎等, 2013a, 2012, 2011; Li and Zhao, 2013; 曾伟生和唐守正, 2013; 曾伟生等, 2010）：①分解型可加性生物量模型；②聚合型可加性生物量模型。

4.1.1 分解型可加性生物量模型

1）分级控制

唐守正等（2000）提出了一种分解型可加性（相容性）生物量模型，即以总量为基础分级控制。在其研究中，首先开展地上生物量模型，估计出的地上生物量被分解为各分项生物量（如干材、树皮、树枝和树叶），这种可加性生物量模型被命名为一步按比例分配加权系统（1PSW）。如果一些分项生物量（如树冠和树干）也需要进行估计，那么地上生物量首先被分解为树干和树冠生物量。然后，估计出的树干生物量被分解为干材和树皮生物量，且估计出的树冠生物量被分级为树枝和树叶生物量，这种可加性生物量模型被命名为两步按比例分配加权系统（2PSW）。如果获取的数据中包含地下生物量（树根），那么三步按比例分配加权系数（3PSW）应当被使用，即：①总生物量被分解为地上生物量和地下生物量；②地上生物量被分解为树干生物量和树冠生物量；③树冠生物量被分解为树枝生物量和树叶生物量，树干生物量被分解为干材生物量和树皮生物量。3PSW 也是本章所讨论的可加性生物量模型结构之一，其具体的构建过程如下。

令 $f_t(x)$、$f_a(x)$、$f_r(x)$、$f_s(x)$、$f_b(x)$、$f_f(x)$、$f_{sw}(x)$、$f_{sb}(x)$ 和 $f_c(x)$ 分别代表总生物量

模型、地上生物量模型、地下生物量模型、树干生物量模型、树枝生物量模型、树叶生物量模型、干材生物量模型、树皮生物量模型和树冠生物量模型。$f_i(x)$可以为任意生物量模型形式（线性和非线性形式）。为了构建三步按比例分配加权系统（3PSW），总生物量$\hat{W}_t$需要用独立的任意生物量模型进行估计，得到其估计值后，按照以下方法进行分解。

第一步（一级控制）：总生物量估计值$\hat{W}_t$按比例分为地上生物量$\hat{W}_a$和地下生物量$\hat{W}_r$。具体如下：

$$\hat{W}_a = \frac{f_a(x)}{f_a(x)+f_r(x)} \times \hat{W}_t \tag{4-1}$$

$$\hat{W}_r = \frac{f_r(x)}{f_a(x)+f_r(x)} \times \hat{W}_t \tag{4-2}$$

第二步（二级控制）：第一步估计出的地上生物量$\hat{W}_a$按比例分为树干生物量$\hat{W}_s$和树冠生物量$\hat{W}_c$。具体如下：

$$\hat{W}_s = \frac{f_s(x)}{f_s(x)+f_c(x)} \times \hat{W}_a \tag{4-3}$$

$$\hat{W}_c = \frac{f_c(x)}{f_s(x)+f_c(x)} \times \hat{W}_a \tag{4-4}$$

第三步（三级控制）：第二步估计出的树冠生物量$\hat{W}_c$和树干生物量$\hat{W}_s$分别按比例分为树枝生物量$\hat{W}_b$和树叶生物量$\hat{W}_f$，干材生物量$\hat{W}_{sw}$和树皮生物量$\hat{W}_{sb}$。具体如下：

$$\hat{W}_b = \frac{f_b(x)}{f_b(x)+f_f(x)} \times \hat{W}_c \tag{4-5}$$

$$\hat{W}_f = \frac{f_f(x)}{f_b(x)+f_f(x)} \times \hat{W}_c \tag{4-6}$$

和

$$\hat{W}_{sw} = \frac{f_{sw}(x)}{f_{sw}(x)+f_{sb}(x)} \times \hat{W}_s \tag{4-7}$$

$$\hat{W}_{sb} = \frac{f_{sb}(x)}{f_{sw}(x)+f_{sb}(x)} \times \hat{W}_s \tag{4-8}$$

2）直接控制

唐守正等（2008）又提出了另一种解决总量及各分项生物量可加性的模型结构，即以总量为基础直接控制，其模型形式和一步按比例分配加权系统（1PSW）

一样，只是其总生物量不需要进行独立估计，具体模型构造如下：

$$\begin{cases} \hat{W}_{sw} = \dfrac{f_{sw}(x)}{f_{sw}(x)+f_{sb}(x)+f_{b}(x)+f_{f}(x)+f_{r}(x)} \times f_{t}(x) \\ \hat{W}_{sb} = \dfrac{f_{sb}(x)}{f_{sw}(x)+f_{sb}(x)+f_{b}(x)+f_{f}(x)+f_{r}(x)} \times f_{t}(x) \\ \hat{W}_{b} = \dfrac{f_{b}(x)}{f_{sw}(x)+f_{sb}(x)+f_{b}(x)+f_{f}(x)+f_{r}(x)} \times f_{t}(x) \\ \hat{W}_{f} = \dfrac{f_{f}(x)}{f_{sw}(x)+f_{sb}(x)+f_{b}(x)+f_{f}(x)+f_{r}(x)} \times f_{t}(x) \\ \hat{W}_{r} = \dfrac{f_{r}(x)}{f_{sw}(x)+f_{sb}(x)+f_{b}(x)+f_{f}(x)+f_{r}(x)} \times f_{t}(x) \end{cases} \quad (4\text{-}9)$$

4.1.2 聚合型可加性生物量模型

Parresol（2001，2009）提出了一种聚合型非线性和线性可加性生物量模型。聚合型非线性或线性可加性生物量模型的形式相似，区别在于各分项生物量模型的不同。根据限制条件个数的不同，分为单限制条件聚合型可加性生物量模型和多限制条件聚合型可加性生物量模型，选用哪种限制条件可加性生物量模型取决于研究数据所给出的信息量（Dong et al.，2015，2014）。

1）单限制条件

令 W_t、W_a、W_r、W_s、W_b、W_f、W_{sw}、W_{sb} 和 W_c 分别代表总生物量、地上生物量、地下生物量、树干生物量、树枝生物量、树叶生物量、干材生物量、树皮生物量和树冠生物量。$f_t(x)$、$f_a(x)$、$f_r(x)$、$f_s(x)$、$f_b(x)$、$f_f(x)$、$f_{sw}(x)$、$f_{sb}(x)$ 和 $f_c(x)$ 分别代表总生物量模型、地上生物量模型、地下生物量模型、树干生物量模型、树枝生物量模型、树叶生物量模型、干材生物量模型、树皮生物量模型和树冠生物量模型。如果没有树根生物量，聚合型可加性生物量模型的限制条件为各分项生物量之和等于地上生物量，如果有树根生物量，其限制条件为各分项生物量之和等于总生物量，具体形式如下（以有树根生物量为例）：

$$\begin{cases} W_r = f_r(x) \\ W_{sw} = f_{sw}(x) \\ W_{sb} = f_{sb}(x) \\ W_b = f_b(x) \\ W_f = f_f(x) \\ W_t = W_r + W_{sw} + W_{sb} + W_b + W_f \end{cases} \quad (4\text{-}10)$$

2）多限制条件

如果一些分项生物量（如树冠、树干和地上部分）也需要进行估计，多限制条件可加性生物量模型应当被使用。具体形式如下（以 4 个限制条件为例）：

$$\begin{cases} W_r = f_r(x) \\ W_{sw} = f_{sw}(x) \\ W_{sb} = f_{sb}(x) \\ W_b = f_b(x) \\ W_f = f_f(x) \\ W_s = W_{sw} + W_{sb} \\ W_a = W_{sw} + W_{sb} + W_b + W_f \\ W_c = W_b + W_f \\ W_t = W_r + W_{sw} + W_{sb} + W_b + W_f \end{cases} \tag{4-11}$$

4.2 可加性生物量模型估计方法

为了实现生物量方程的可加性，有许多方法可以被使用，如简单最小二乘法、最大似然法、非线性度量误差联立方程组、线性及非线性似乎不相关回归等。在这么多方法中，非线性度量误差联立方程组（TSEM）和非线性似乎不相关回归（NSUR）是最常用的估计可加性生物量模型参数的方法，其中 NSUR 是最灵活、最受欢迎的。以下对这两种方法进行详细的阐述。

1）非线性度量误差联立方程组

非线性度量误差联立方程组可以是一个非线性方程组模型，各个方程之间的参数相互关联。变量被分为两类：观测值含随机误差的变量，称为"含误差变量"（error-in-variable）或"内生变量"（endogenous）；观测值不含随机误差的变量，称为"无误差变量"（error-out-variable）或"外生变量"（exogenous）。

非线性度量误差联立方程组模型的标准形式或一般形式是

$$\begin{cases} f(y_i, x_i, \beta) = 0 \\ Y_i = y_i + e_i \\ E(e_i) = 0, Cov(e_i) = \sigma^2 \Phi \end{cases}$$

式中，$1 \times p$ 维向量 $x_i = (x_1, x_2, \cdots, x_p)$ 是没有误差的变量；$1 \times p$ 维向量 Y_i 是真值为 y_i，且 $y_i = (y_1, y_2, \cdots, y_p)$，是含有误差的变量，$i = 1, 2, \cdots, p$。$\sigma^2 \Phi$ 是 $p \times p$ 正定矩阵，未知或已知其结构（Φ 称为其结构）。$k \times 1$ 维向量 β 是参数。

协方差 Φ 的类型有两种：在已知含误差变量的度量误差是独立等方差时选用

基本型 SI，否则选用两步估计 TSEM。

（1）第一步：假设 $\boldsymbol{\Phi}=\boldsymbol{I}$（单位矩阵），用最小二乘法（OLS）最小化目标函数。$F = \sum_{i=1}^{n}(Y_i - y_i)(Y_i - y_i)'$ 来估计模型参数，并计算出模型估计值 $\hat{y}_i = x_i\hat{\beta}$。

（2）第二步：计算出协方差 $\hat{\Phi} = \dfrac{\sum(Y_i - \hat{y}_i)'(Y_i - \hat{y}_i)}{N - p}$。然后，再利用这个协方差，通过最小化函数 $F = \sum(Y_i - \hat{y}_i)\hat{\Phi}^{-1}(Y_i - \hat{y}_i)'$ 来估计模型参数，计算出估计值 $\hat{y}_i = x_i\hat{\beta}$。

2）似乎不相关回归

似乎不相关回归（SUR）由是由多个回归方程组成的方程组，它与多元回归模型（multivariate regression model）的区别在于允许各方程存在不同的自变量，这样的特性给统计建模带来很大的灵活性。同时，SUR 在参数估计过程中既考虑到异方差性，又考虑到不同方程的误差项的相关性，使参数估计效率在满足某些适当条件的情况下，较对各个方程分别进行参数估计的传统方法得到改进。假定 N 为样本数，y 为因变量，P 个自变量 X（$k=1, 2, \ldots, p$），m 个非线性或线性方程如下：

$$y_1 = f_1(X_1, \beta_1) + e_1$$
$$y_2 = f_2(X_2, \beta_2) + e_2$$
$$\vdots$$
$$y_m = f_m(X_m, \beta_m) + e_m$$

式中，y_i 和 e_i 是 $N\times 1$ 向量，X_i 是 $N\times k$ 矩阵，β_i 是 $k_i\times 1$ 维向量。假定模型误差项 e_{ir}（$i=1, 2, \cdots, j, \cdots, m$ 和 $r=1, 2, \cdots, s, \cdots, N$）在时间序列上是独立的，但方程之间具有相关性。因此，我们假设当 $r\neq s$ 时，$E(e_{ir}, e_{js}|X)=0$，反之 $E(e_{ir}, e_{jr}|X)=\sigma_{ij}$。$\Sigma=(\sigma_{ij})$ 代表每个观测的 $m\times m$ 条件方差矩阵，e_i 的协方差矩阵将等于 $\Phi = E(e'e|X) = \Sigma \otimes I_N$。

SUR 模型的参数估计通常按以下三个步骤进行。

第一步：用 OLS 法分别估计每个方程，计算和保存回归中得到的残差 $\hat{e}_i$。

第二步：用这些残差来估计扰动项方差和不同回归方程之间的协方差，即 Σ 矩阵中的各元素，如 $\hat{\sigma}_{ij} = (\hat{e}_i\hat{e}_j)/N$。

第三步：上一步估计的协方差矩阵 $\hat{\Phi} = \hat{\Sigma} \otimes I_N$ 矩阵被用于执行广义最小二乘法（GLS），得到各方程参数的广义最小二乘法估计值。如下：

$$\hat{\beta} = \left(X'\left(\hat{\Sigma}^{-1} \otimes I_N\right)X\right)^{-1} X'\left(\hat{\Sigma}^{-1} \otimes I_N\right)y$$

和

$$Cov(\hat{\beta}) = \sigma^2 \left(X' \left(\hat{\Sigma}^{-1} \otimes I_N \right) X \right)^{-1}$$

假设误差项 e_{ir} 是均匀分布时，对于小样本的估计量是无偏的。对于大样本数据来说，其接近于正态分布，因此估计量也是无偏的。在下面两种情况下，似乎不相关回归与分别运行普通最小二乘法（OLS）的结果相同：①若各方程之间的协方差都等于 0；②若各方程的自变量都相同，并且每个自变量的每个观测值亦相同。此外，需要指出的是，由于式（4-10）和式（4-11）中各个方程含有相同的自变量，因此当其异方差权重一样时，自动满足了可加性这一性质（Goicoa et al., 2011）。因此，如果式（4-10）和式（4-11）被拟合的话，必须进行加权回归。

4.3 不同可加性生物量模型结构评价

以上对国内外可加性模型进行了阐述，但国内外对于不同可加性模型的比较研究较少。本章以东北林区落叶松为例来比较不同生物量模型结构，其解析木所在林地信息、解析木信息及生物量统计量见表 3-2 和表 3-3。

4.3.1 方法

4.3.1.1 模型优选

通常来说，胸径（D）能很好地预测生物量，仅含有胸径的生物量模型较为简单，且容易应用。此外，在异速生长方程中加入树高（H）变量后，可使生物量模型的可解释量有一定的提高。以下三个异速生长方程经常被用来拟合生物量模型：

$$W = a \cdot D^b \tag{4-12}$$

$$W = a \cdot (D^2 \cdot H)^b \tag{4-13}$$

$$W = a \cdot D^b \cdot H^c \tag{4-14}$$

式中，W 为生物量，D 为胸径，H 为树高，a、b 和 c 是模型的参数。

对于以上三个异速生长方程，我们采用确定系数（R_a^2）、均方根误差（RMSE）和赤池信息准则（AIC）来进行落叶松最优生物量模型的选取，在此基础上进行可加性生物量模型的构造。本研究计算了落叶松三种生物量模型的 R_a^2、RMSE 和 AIC（表 4-1），结果表明：与只有胸径的异速生长方程[式（4-12）]相比，大部分生物量模型在加入树高后能显著提高模型的拟合效果，即得到较大的 R_a^2，以及较小的 RMSE 和 AIC。此外，除树根生物量外，式（4-14）比式（4-13）更具有优势。因此，对于本研究来说，式（4-14）更适合拟合生物量，为落叶松总量和各分项生物量最优模型。

表 4-1 总量及各分项生物量三种异速生长方程拟合统计量

类别	$W = a \cdot D^b$			$W = a \cdot (D^2 \cdot H)^b$			$W = a \cdot D^b \cdot H^c$		
	R_a^2	RMSE	AIC	R_a^2	RMSE	AIC	R_a^2	RMSE	AIC
总生物量	0.971	27.07	1151.00	0.979	22.99	1113.60	0.981	21.69	1101.70
地上生物量	0.976	17.57	1049.50	0.983	14.90	1007.60	0.985	13.90	990.90
地下生物量	0.898	14.90	1008.70	0.907	14.25	998.40	0.907	14.23	998.30
树干生物量	0.969	17.48	1048.30	0.979	14.41	999.70	0.980	14.01	992.40
树枝生物量	0.944	2.77	599.60	0.935	2.99	617.60	0.945	2.75	600.10
树叶生物量	0.900	0.78	289.90	0.860	0.90	325.30	0.900	0.77	285.60
树冠生物量	0.957	2.91	610.20	0.941	3.38	647.60	0.957	2.91	611.50

4.3.1.2 不同可加性生物量模型构造

虽然本研究中的生物量数据并没有将干材和树皮生物量分离出来,但包含地上、树冠生物量,因此采用以总量为基础分级控制和多限制条件聚合型可加性生物量模型较为合适,具体为三步按比例分配加权系统(3SPW)和三限制条件的可加性生物量模型[SUM(3)]。需要说明的是,利用以总量为基础分级控制所构建的可加性模型不能进行对数转换,只能用加权回归来获取模型参数。虽然似然分析表明落叶松生物量异速生长方程的误差结构是相乘型的,对数转换具有一定的优势,但考虑到:①相加型误差结构的生物量模型和相乘型误差结构的生物量模型有非常接近的拟合效果和预测能力;②本研究仅仅是为了比较不同结构的可加性生物量模型。因此,本研究不对 SUM(3)进行对数转换,和 3SPW 一样采用加权回归来估计模型的参数。

1)三步按比例分配加权系统(3SPW)

为了更好地描述构建 3SPW 系统的过程,定义 a_k、b_k 和 c_k 分别为模型参数,下标 $k=t, a, r, s, c, b$ 和 f 分别为总生物量、地上生物量、地下生物量(树根)、树干生物量、树冠生物量、树枝生物量和树叶生物量。在 3SPW 中,用 $\hat{W}_t = \hat{a}_t D^{\hat{b}_t} H^{\hat{c}_t}$ 来估计出落叶松总生物量 $\hat{W}_t$,3SPW 系统的构建过程如下。

(1) 将总生物量 $\hat{W}_t$ 分解为地上生物量 $\hat{W}_a$ 和地下生物量 $\hat{W}_r$。

$$\hat{W}_a = \frac{1}{1+\dfrac{a_r D^{b_r} H^{c_r}}{a_a D^{b_a} H^{c_a}}} \times \hat{W}_t = \frac{1}{1+\beta_{11} D^{\beta_{12}} H^{\beta_{13}}} \times \hat{W}_t \quad (4\text{-}15)$$

$$\hat{W}_r = \frac{1}{1+\dfrac{a_a D^{b_a} H^{c_a}}{a_r D^{b_r} H^{c_r}}} \times \hat{W}_t = \frac{1}{1+\dfrac{1}{\beta_{11}} D^{-\beta_{12}} H^{-\beta_{13}}} \times \hat{W}_t \quad (4\text{-}16)$$

对参数进行简化，令 $\dfrac{a_r}{a_a} = \beta_{11}$，$b_r - b_a = \beta_{12}$，$c_r - c_a = \beta_{13}$。

（2）将第一步估计出的地上生物量 $\hat{W}_a$ 分解为树干生物量 $\hat{W}_s$ 和树冠生物量 $\hat{W}_c$。

$$\hat{W}_s = \dfrac{1}{1 + \dfrac{a_c D^{b_c} H^{c_c}}{a_s D^{b_s} H^{c_s}}} \times \hat{W}_a = \dfrac{1}{1 + \beta_{21} D^{\beta_{22}} H^{\beta_{23}}} \times \hat{W}_a \quad (4\text{-}17)$$

$$\hat{W}_c = \dfrac{1}{1 + \dfrac{a_s D^{b_s} H^{c_s}}{a_c D^{b_c} H^{c_c}}} \times \hat{W}_a = \dfrac{1}{1 + \dfrac{1}{\beta_{21}} D^{-\beta_{22}} H^{-\beta_{23}}} \times \hat{W}_a \quad (4\text{-}18)$$

对参数进行简化，令 $\dfrac{a_c}{a_s} = \beta_{21}$，$b_c - b_s = \beta_{22}$，$c_c - c_s = \beta_{23}$。

（3）将第二步估计出的树冠生物量 $\hat{W}_c$ 分解为树枝生物量 $\hat{W}_b$ 和树叶生物量 $\hat{W}_f$。

$$\hat{W}_b = \dfrac{1}{1 + \dfrac{a_f D^{b_f} H^{c_f}}{a_b D^{b_b} H^{c_b}}} \times \hat{W}_c = \dfrac{1}{1 + \beta_{31} D^{\beta_{32}} H^{\beta_{33}}} \times \hat{W}_c \quad (4\text{-}19)$$

$$\hat{W}_f = \dfrac{1}{1 + \dfrac{a_b D^{b_b} H^{c_b}}{a_f D^{b_f} H^{c_f}}} \times \hat{W}_c = \dfrac{1}{1 + \dfrac{1}{\beta_{31}} D^{-\beta_{32}} H^{-\beta_{33}}} \times \hat{W}_c \quad (4\text{-}20)$$

对参数进行简化，令 $\dfrac{a_f}{a_b} = \beta_{31}$，$b_f - b_b = \beta_{32}$，$c_f - c_b = \beta_{33}$。

在本研究中，3SPW 模型参数用非线性度量误差联立方程组（TSEM）和非线性似乎不相关回归（NSUR）来估计。

2）三限制条件的可加性生物量模型 [SUM（3）]

在本研究中，三个限制条件分别为：①总生物量；②地上生物量；③树冠生物量。SUM（3）模型构建过程如下。

$$\begin{cases} W_r = f_r(x) = a_r D^{b_r} H^{c_r} \\ W_s = f_s(x) = a_s D^{b_s} H^{c_s} \\ W_b = f_b(x) = a_b D^{b_b} H^{c_b} \\ W_f = f_f(x) = a_f D^{b_f} H^{c_f} \\ W_c = W_b + W_f \\ W_a = W_s + W_b + W_f \\ W_t = W_s + W_b + W_f + W_r \end{cases} \quad (4\text{-}21)$$

在本研究中，SUM（3）模型参数只能用非线性似乎不相关回归（NSUR）来估计。

另外，生物量模型普遍存在异方差性，由于异方差的存在，因此必须选用适当的权函数来进行加权回归估计，或者将模型转化为对数模型进行异方差的消除。对于本研究来说，对数转换是不可行的，只能采用非线性加权。众所周知，观测值残差的方差与一个或多个预测变量相关，即可以被描述为 $\sigma_i^2 = (x_i)^p$，其中 p 可以通过 $e_i^2 = (x_i)^p$ 来计算，e_i 为 OLS 模型的残差（Parresol，1993）。本研究对预测变量 $x = D$ 和 $x = D \cdot H$ 的两个权函数进行了比较，从消除异方差的效果来看，两个权函数没有明显的不同。因此，本研究选用 $1/D^p$ 作为权函数。在用 ForStat 2.1 软件计算时，采取每一个方程两边乘以权重变量的方法进行处理（唐守正等，2008）。而用 SAS9.3 计算时，用一个 SAS 语句 resid.W_i = resid.$W_i/\sqrt{D^p}$，其中 resid.W_i 是 W_i 模型的残差（SAS Institute Inc，2011）。

4.3.1.3 模型评价指标

评价模型的指标有很多，综合考虑各种因素，本研究将调整后确定系数（R_a^2）、均方根误差（RMSE）、平均预测误差（MPE）、平均预测误差百分比（MPE%）、平均绝对误差（MAE）和平均绝对误差百分比（MAE%）6 个指标作为基本评价指标（Dong et al.，2015，2014）。其中，两个统计量[式（4-23）和式（4-24）]用来评价模型拟合优度，4 个"刀切法"指标[式（4-26）~式（4-29）]用来评估模型预测能力。

$$确定系数\ R^2 = 1 - \frac{\sum_{i=1}^{N}(Y_i - \hat{Y}_i)^2}{\sum_{i=1}^{N}(Y_i - \bar{Y})^2} \tag{4-22}$$

$$调整后确定系数\ R_a^2 = 1 - (1 - R^2)\left(\frac{N-1}{N-p}\right) \tag{4-23}$$

$$均方根误差\ \text{RMSE} = \sqrt{\text{MSE}} = \sqrt{\frac{\sum_{i=1}^{N}(Y_i - \hat{Y}_i)^2}{N-p}} \tag{4-24}$$

$$"刀切法"残差\ e_{i,-i} = \left(Y_i - \hat{Y}_{i,-i}\right) \tag{4-25}$$

$$平均预测误差\ \text{MPE} = \frac{\sum_{i=1}^{N} e_{i,-i}}{N} \tag{4-26}$$

$$\text{平均预测误差百分比 MPE\%} = \frac{\sum_{i=1}^{N}\left(\frac{e_{i,-i}}{\overline{Y}}\right) \times 100\%}{N} \quad (4\text{-}27)$$

$$\text{平均绝对误差 MAE} = \frac{\sum_{i=1}^{N}|e_{i,-i}|}{N} \quad (4\text{-}28)$$

$$\text{平均绝对误差百分比 MAE\%} = \frac{\sum_{i=1}^{N}\left(\frac{|e_{i,-i}|}{Y_i}\right) \times 100\%}{N} \quad (4\text{-}29)$$

式中，N 为样本总数，Y_i 为第 i 个观测值，$\hat{Y}_i$ 为用全部数据拟合回归方程计算的 Y_i 的预测值，$\overline{Y}$ 为观测值的平均值，$\hat{Y}_{i,-i}$ 为原始数据中删除第 i 个样本观测值后，按 p 个参数模型拟合回归方程计算的 Y_i 的预测值。

4.3.2 不同结构模型拟合与检验结果

4.3.2.1 3SPW 模型拟合与检验结果

对于本研究的 3SPW 系统来说，总生物量采用 OLS 方法拟合式（4-14），而 3SPW 系统 [式（4-15）~式（4-20）] 采用 NSUR 和 TESM 方法进行估计。与 TESM 方法相比，NSUR 方法获得了略大的 R_a^2 和较小的 RMSE。两种方法估计的式（4-15）~式（4-20）参数有一些不同，但两种方法的总生物量模型 [式（4-14）] 是一样的（表 4-2）。

表 4-2 两种方法（NSUR 和 TESM）得出的三步按比例分配加权系统参数估计值和拟合优度

类别	参数	NSUR				TSEM			
		估计值	标准误	R_a^2	RMSE	估计值	标准误	R_a^2	RMSE
总生物量	a	0.0470	0.0077	0.981	21.69	0.0470	0.0077	0.981	21.69
	b	2.1181	0.0540			2.1181	0.0540		
	c	0.7088	0.0925			0.7088	0.0925		
地上生物量	β_{11}	0.3643	0.1340	0.985	13.81	0.3643	0.1332	0.985	13.90
地下生物量	β_{12}	0.1534	0.0994	0.908	14.14	0.1534	0.0991	0.907	14.22
	β_{13}	−0.1433	0.1816			−0.1433	0.1799		
树干生物量	β_{21}	0.5417	0.1613	0.980	13.93	0.5417	0.1610	0.980	13.95
树冠生物量	β_{22}	0.3146	0.0826	0.957	2.90	0.3146	0.0825	0.956	2.92
	β_{23}	−0.8027	0.1495			−0.8027	0.1492		
树枝生物量	β_{31}	8.1184	3.0077	0.946	2.73	8.1190	2.9900	0.945	2.74
树叶生物量	β_{32}	−0.5342	0.1144	0.905	0.75	−0.5342	0.1143	0.904	0.76
	β_{33}	−0.5911	0.2000			−0.5911	0.1996		

注：总量、地上生物量、地下生物量、树干生物量、树冠生物量、树枝生物量和树叶生物量的权重因子分别为 $D^{-2.90}$、$D^{-1.40}$、$D^{-1.14}$、$D^{-1.26}$、$D^{-0.80}$、$D^{-1.00}$ 和 $D^{-1.00}$。

模型的"刀切法"检验显示,式(4-14)略低估总生物量,其平均预测误差(MPE)和平均预测误差百分比(MPE%)分别为 0.03kg 和 0.02%,且平均绝对误差(MAE)的大小为 15.02kg(表 4-3)。NSUR 和 TESM 这两种方法都低估地上生物量和树干生物量,但高估地下生物量、树枝生物量、树叶生物量和树冠生物量。对于这两种方法,地下生物量的平均预测误差较大,其 MAE%大约为 30%,而地上生物量的平均预测误差最小,其 MAE%大约为 10%。对于 3SPW 系统中的各个生物量模型来说,NSUR 和 TESM 这两种方法产生了相同的平均预测误差(表 4-3)。

总之,对于生物量模型的拟合来说,NSUR 方法稍好于 TESM 方法,但对于模型的检验来说,NSUR 和 TESM 有着相同的结果。因此,本研究用 NUSR 方法拟合的 3SPW 系统与其他模型结构进行比较。

表 4-3 两种方法(NSUR 和 TESM)得出的三步按比例分配加权系统"刀切法"检验结果

类别	3SPW-NSUR				3SPW-TSEM			
	MPE(kg)	MPE%	MAE(kg)	MAE%	MPE(kg)	MPE%	MAE(kg)	MAE%
总生物量	0.03	0.02	15.02	11.63	0.03	0.02	15.02	11.63
地上生物量	0.15	0.14	9.27	10.54	0.15	0.14	9.27	10.54
地下生物量	−0.12	−0.29	9.99	30.85	−0.12	−0.29	9.99	30.85
树干生物量	0.200	0.21	9.05	11.97	0.20	0.20	9.05	11.97
树枝生物量	−0.03	−0.31	1.98	27.14	−0.03	−0.31	1.98	27.14
树叶生物量	−0.02	−0.65	0.63	30.04	−0.02	−0.65	0.63	30.04
树冠生物量	−0.05	−0.38	2.17	21.73	−0.05	−0.38	2.17	21.73

4.3.2.2 SUM(3)模型拟合与检验结果

对于本研究的 SUM(3)系统来说,只能用 NSUR 方法进行参数估计。由模型结构可知,SUM(3)系统实质上没有总量、地上生物量和树冠生物量的独立模型,其模型是由各分项生物量模型组成。由表 4-4 可知,总量、地上生物量和树干生物量模型拟合效果较好,地下生物量、树叶生物量拟合效果较差。总的来说,SUM(3)系统和 3SPW 系统在 R_a^2 和 RMSE 上没有明显的区别。

表 4-5 给出了 SUM(3)系统"刀切法"检验结果。结果显示,仅树枝生物量模型和树冠生物量会高估其生物量,其余生物量模型都会低估其生物量,与 3SPW 系统一样,地下生物量的平均预测误差较大,而地上生物量的平均预测误差较小(表 4-5)。

4.3.3 不同可加性生物量模型结构对比

为了比较可加性生物量模型[3SPW 系统和 SUM(3)系统]与非可加性

表 4-4 NSUR 估计方法得出的三限制条件可加性生物量模型系统参数估计值和拟合优度

类别	参数	估计值	标准误	R_a^2	RMSE
总生物量	—	—	—	0.981	21.76
地上生物量	—	—	—	0.985	13.74
地下生物量	a_r	0.0102	0.0026	0.909	14.11
	b_r	2.1417	0.0796		
	c_r	0.7705	0.1485		
树干生物量	a_s	0.0261	0.0029	0.981	13.75
	b_s	2.1165	0.0315		
	c_s	0.7550	0.0596		
树枝生物量	a_b	0.0053	0.0011	0.946	2.73
	b_b	2.4154	0.0577		
	c_b	0.2173	0.1105		
树叶生物量	a_f	0.0390	0.0105	0.902	0.76
	b_f	2.0178	0.0911		
	c_f	−0.4846	0.1534		
树冠生物量				0.957	2.91

表 4-5 NSUR 估计方法得出的三限制条件可加性生物量模型系统"刀切法"检验结果

类别	SUM（3）-NSUR			
	MPE（kg）	MPE%	MAE（kg）	MAE%
总生物量	0.77	0.51	15.1	11.59
地上生物量	0.61	0.56	9.61	10.84
地下生物量	0.16	0.37	9.91	30.69
树干生物量	0.62	0.64	9.42	12.21
树枝生物量	−0.01	−0.06	2.02	27.29
树叶生物量	0.00	0.05	0.63	30.07
树冠生物量	−0.01	−0.04	2.21	21.95

生物量模型的预测能力，本研究建立了落叶松总量及各分项非可加性生物量模型（IM 系统），即总量和各分项生物量模型分别用式（4-14）拟合，以便进一步研究。

图 4-1 给出了 3 种模型系统中总量、地上生物量和树冠生物量不同胸径范围的"刀切法"平均预测误差百分比（MPE%）和平均绝对误差百分比（MAE%）。对于总生物量来说 [图 4-1（A）]，3SPW 系统的平均预测误差在 3 个胸径范围（<10cm，15~20cm 和>20cm）优于 SUM（3）。与 3SPW 系统和 SUM（3）系统相比，IM 系统在大部分的胸径范围获得了较大的 MAE%。三个生物量模型系统 MPE%的排名为 IM（0.00%），3SPW（0.02%），SUM（3）（0.51%）；而 MAE%

的排名为 SUM（3）（11.59%），3SPW（11.63%），IM（11.78%）。对于地上生物量来说[图 4-1（B）]，MPE%的排名为 IM（0.09%），3SPW（0.14%），SUM（3）（0.56%）；但 MAE%的排名为 3SPW（10.54%），IM（10.69%），SUM（3）（10.84%）。对于树冠生物量来说[图 4-1（C）]，MPE%的排名为 SUM（3）（−0.04%），3SPW（−0.38%），IM（−0.56%），MAE%的排名为 3SPW（21.73%），IM（21.81%），SUM（3）（21.95%）。三种模型系统都低估了胸径范围为>20cm 树木的总生物量和树冠生物量[图 4-1（B），图 4-1（C）]，但高估了胸径范围为>20cm 树木的地上生物量[图 4-1（B）]。

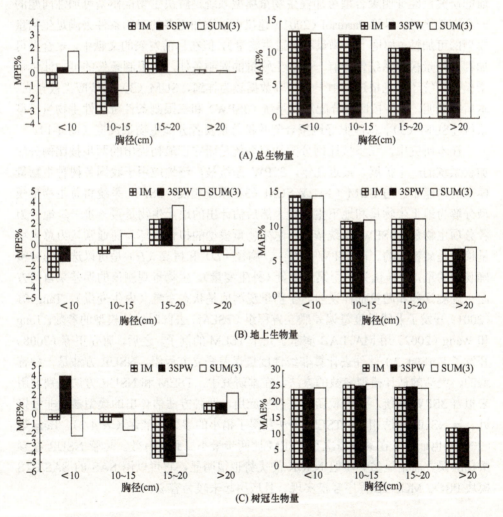

图 4-1 三种生物量模型结构 MPE%和 MAE%的比较
IM 代表独立模型，3SPW 代表三步按比例分配加权系统，SUM（3）代表三限制条件的可加性生物量模型

4.4 讨 论

为了确保生物量异速生长方程具有可加性,国外大部分研究将 Parresol(2001) 提出的聚合型可加性生物量模型系统作为首选,且在已发表的生物量模型中,通常只含有一个限制条件[SUM(1)],即总生物量等于各分项生物量。对于聚合型可加性生物量模型,NSUR 方法经常被用来估计各分项生物量模型参数。实际上,在这个模型系统中没有单独拟合总生物量模型,只是将其作为一个限制条件。之前的研究已经证明聚合型可加性生物量模型系统是解决生物量模型可加性问题的一个有效途径。尽管 Parresol(2001)建议可以添加更多的限制条件去满足生物量模型的可加性(如地上生物量和树冠生物量),但在目前发表的文献中,聚合型可加性生物量模型系统仅含有一个总生物量的限制条件,多限制条件的可加性生物量模型系统还未见报道。由于本研究数据较为详细,SUM(3)系统应当被建立。本研究表明,三步按比例分配加权系统(3SPW)和三限制条件可加性生物量模型系统[SUM(3)]都能很好地拟合落叶松总量及各分项生物量数据(图 4-1)。

在本研究中,三步按比例分配加权系统是唐守正最初提出的两步按比例分配加权系统的一个扩展。最近几年,3SPW 系统被广泛地应用于我国各树种生物量模型的构建中。与 SUM(1)或 SUM(3)系统相反,3SPW 系统将总生物量模型分解为地上生物量和地下生物量,然后估计出的地上生物量被一步一步地分为各分项生物量。3SPW 系统依赖于总生物量模型的拟合好坏,而通常认为总生物量模型是最精确的。在 3SPW 系统中,胸径(D)和树高(H)是可以选定的被精确观测的量,它被认为是无误差变量(外生变量)。生物量观测值的误差来自两方面:观测误差和随机抽样误差。生物量观测值是状态变量(内生变量)。Tang 等 (2001)开发了非线性度量误差联立方程组(TSEM)去同时估计模型的参数。Tang 和 Wang(2002)用 MATLAB 演示了几个 TSEM 的例子。之后,唐守正等(2008)开发了 ForStat 2.1 软件去计算非线性度量误差联立方程组。NSUR 方法是一种普遍的、灵活的估计模型参数的方法。在本研究中,TSEM 和 NSUR 方法分别被用来拟合 3SPW 系统。无论权函数是否被应用,两种方法估计出的模型参数非常接近。与 NSUR 方法相比,TSEM 方法获得了稍小的参数标准误(表 4-2)。Tang 等 (2001)也证实了在某些情况下 TSEM 比两步最小二乘更有效。尽管 NSUR 在参数标准误方面稍显劣势,但 NSUR 的优势也很明显,它可以用 SAS 的 SAS/ETS 模块 PROC MODEL 程序轻松实现,且应用起来较为容易。

4.5 本章小结

本章主要阐述两种可加性生物量模型系统:分解型可加型生物量模型系统和

聚合型可加性生物量模型系统，并以落叶松为例构建了 3SPW 系统和 SUM（3）系统，来比较这两种可加性生物量模型系统。结果表明，3SPW 系统首先将总生物量预测值分解为地上生物量和地下生物量，接着将地上生物量预测值分解为树干生物量和树冠生物量，最后将树冠生物量分解为树枝生物量和树叶生物量，这种模型通过分级控制来保证生物量具有可加性。而 SUM（3）系统通过限制条件，如总生物量、地上生物量和树冠生物量，来保证生物量具有可加性。与 SUM（3）系统相比，3SPW 系统的总生物量平均预测误差略小，而总生物量平均绝对误差略大。与 IM 系统相比，3SPW 系统和 SUM（3）系统更具有优势，其获得了较小的预测误差。对于 3SPW 系统，我国已有报道，而对于 SUM（3）的系统研究还较少。总的来说，3SPW 系统和 SUM（3）系统不仅解决了生物量模型的不可加性，而且有较好的预测能力，是确保生物量可加性的不错选择。但是 3SPW 系统在模型估计和实际应用中较为复杂，而 SUM（3）系统相对容易实现。因此，本研究建议在建立生物量模型时，可加性原则应该被考虑，且 SUM（3）系统更适合于构建可加性生物量模型。

第 5 章　东北林区主要树种生物量分配及根茎比

植物生物量分配不仅是植物生活史、植物进化策略和生态系统生态学（如碳通量、水通量和群落动态）等诸多领域的重要内容，也是陆地生态系统碳计量和过程模型的重要变量（王晓莉等，2014；García Morote et al.，2012；Poorter et al.，2012；汪金松等，2012；Portsmuth et al.，2005）。生物量分配的变化将会改变植物的叶面积指数、凋落物的性质和分解、根系吸收养分和水分的速率、根系碳周转及群落的物种组成等，进而对植物的生活史对策和进化策略、群落结构、陆地生物量地球化学循环等产生深远影响（Malhi et al.，2004）。目前，人们常采用生物量分配比例的方法（即植物总生物量分配给各组分的比例）来研究生物量分配格局，其不仅能最大限度地保存生物量分配的信息（Poorter et al.，2012；Russell et al.，2009；King et al.，2007），而且能较容易地推算出一些常用的器官生物量比，如根茎比（Durigan et al.，2012；Corte and da Silva，2011）。

与测定地上生物量相比，准确测定地下生物量更难、更费时费力，而且当前尚无被普遍认可的测定规范（董利虎等，2011）。此外，地下生物量被认为是造成大尺度森林生物量估算中不确定性很高的主要原因，很大程度上归因于缺乏准确的测定数据及有效的估算方法。就估算方法而言，研究根茎比（地下生物量与地上生物量的比值）及地下生物量与地上生物量的关系不失为两种简便的方法，现已被广泛用在不同时空尺度地下生物量的推算和模拟中（Mokany et al.，2006；Brown，2002）。除此之外，它们也被推荐用于编制国家温室气体清单及计量林业碳补偿项目产生的减排量（IPCC，2006）。本章以东北林区 17 个树种为例，探讨各树种生物量分配比例及根茎比变化规律。

5.1　数　据

本章所用数据为东北林区（大兴安岭地区、小兴安岭地区、长白山地区和松嫩平原）17 个主要树种 1049 株解析木的生物量实测数据，解析木生物量统计信息详见表 5-1。

表 5-1　东北林区各树种解析木生物量统计表

树种	株数	胸径 D (cm)				树高 H (m)				总生物量 W (kg)			
		Min	Max	Mean	Std	Min	Max	Mean	Std	Min	Max	Mean	Std
红松	41	7.3	82.0	26.6	19.3	8.2	30.8	16.4	6.4	14.0	3473.9	493.4	780.6
臭冷杉	60	5.9	33.6	17.9	6.4	6.6	24.7	15.5	4.2	11.0	606.4	153.4	139.3
红皮云杉	53	5.8	33.6	18.4	7.0	4.2	24.7	15.6	4.5	7.4	599.7	170.8	148.2
落叶松	122	6.5	38.1	16.1	6.5	5.4	24.4	14.9	3.8	8.5	950.7	151.8	157.7
柞树	64	4.2	37.1	17.4	8.1	5.0	21.1	13.1	4.0	4.0	969.1	218.0	229.1
山杨	54	8.1	35.6	19.2	6.7	8.5	23.3	18.2	3.7	18.7	602.4	185.9	142.6
椴树	38	6.9	37.0	16.4	7.7	6.8	19.7	13.6	3.6	9.0	613.8	128.1	146.8
白桦	98	5.4	33.1	14.4	7.2	7.6	22.9	14.9	4.1	8.8	657.7	140.8	165.5
水曲柳	42	5.7	33.4	18.2	7.3	7.6	22.6	16.2	4.5	7.5	595.9	205.7	166.7
胡桃楸	30	8.2	41.1	20.7	8.6	8.9	27.9	17.2	5.9	16.5	916.3	247.1	231.8
黑桦	52	3.4	30.4	14.5	6.7	3.6	21.1	12.7	4.5	2.8	676.7	121.7	136.7
榆树	48	5.8	35.1	17.7	7.8	6.7	21.3	13.8	4.0	11.5	586.0	166.1	147.1
色木	46	4.8	32.5	16.2	6.8	6.2	20.1	12.8	3.2	10.9	631.8	170.6	155.6
人工红松	90	5.4	33.0	19.3	5.0	5.4	16.2	11.9	2.0	5.6	501.2	148.6	88.2
人工落叶松	90	7.6	35.7	19.8	6.0	8.3	27.0	18.2	5.1	11.8	764.7	224.6	158.4
人工樟子松	85	6.0	38.7	18.6	7.1	3.5	22.3	14.4	4.5	6.6	685.9	156.0	134.2
人工杨树	36	4.4	20.0	12.2	4.2	6.2	13.5	10.3	2.7	4.6	113.2	46.2	31.2

注：Min、Max、Mean 和 Std 分别代表最小值、最大值、平均值和标准差

5.2　东北林区主要树种生物量分配

5.2.1　东北林区主要树种生物量分配统计

由表 5-2 可知，生物量分配给树干、树枝、树叶和树根的比例存在巨大的变异，平均值分别为 62.5%、11.2%、4.3% 和 22.0%。不同树种的生物量器官分配比例也存在较大的变异（表 5-2）。

对于天然针叶树种来说，落叶松树干生物量占总生物量的百分比最大，为 63.6%；红皮云杉树干生物量占总生物量的百分比最小，为 58.1%；落叶松树根生物量占总生物量的百分比最大，为 26.7%；臭冷杉树根生物量占总生物量的百分比最小，为 20.8%；臭冷杉树枝生物量占总生物量的百分比最大，为 12.0%；落叶松树枝生物量占总生物量的百分比最小，为 7.0%；红皮云杉树叶生物量占总生物量的百分比最大，为 7.4%；落叶松树叶生物量占总生物量的百分比最小，为 2.8%。总的来看，树干生物量平均所占百分比为 61.3%，树根生物量为 23.6%，

树枝生物量为 9.9%，树叶生物量为 5.2%。平均来说，地上生物量（即树干生物量、树枝生物量和树叶生物量之和）占总生物量的百分比大约为 76.4%，而地下生物量（即树根）所占的百分比大约为 23.6%。

表 5-2　东北林区主要树种生物量分配比例统计

树种	树干（%）		树根（%）		树枝（%）		树叶（%）	
	Mean	Std	Mean	Std	Mean	Std	Mean	Std
红松	61.78def	7.02	23.29bc	8.55	9.87hi	3.08	5.07de	2.40
臭冷杉	61.68def	8.21	20.78de	6.04	11.95def	5.21	5.59d	2.14
红皮云杉	58.07hi	6.31	23.55bc	4.21	10.97fgh	3.53	7.41b	2.82
落叶松	63.55cd	6.90	26.68a	7.05	6.99k	2.34	2.78ij	1.55
柞树	60.72efg	7.08	21.68cde	6.79	14.6abc	5.89	3.00hij	0.94
山杨	72.41a	4.65	16.20g	4.01	9.34ij	3.29	2.05k	0.47
椴树	64.24cd	6.98	24.28b	6.62	9.06ij	2.22	2.42jk	0.87
白桦	62.75cde	5.99	23.22bc	5.80	11.4ef	3.79	2.62j	0.73
水曲柳	62.36cdef	6.37	21.70cde	5.45	12.61de	3.86	3.32ghi	1.19
胡桃楸	61.15defg	7.99	20.36def	6.81	15.13ab	3.80	3.36gh	1.02
黑桦	63.89cd	6.43	21.38cde	6.10	11.50efg	5.35	3.24ghi	0.83
榆树	58.81ghi	7.44	24.13b	5.44	13.31cd	2.95	3.76fg	1.37
色木	57.49hi	6.16	23.59bc	6.45	15.39a	2.94	3.53gh	1.22
人工红松	56.60i	5.40	21.21de	4.20	13.89bcd	4.50	8.30a	1.94
人工落叶松	69.13b	6.54	19.69ef	3.70	8.21j	3.59	2.96hij	2.09
人工樟子松	64.55c	8.34	18.51f	5.42	10.19ghi	2.89	6.76c	2.41
人工杨树	59.82fgh	4.32	23.17bcd	2.39	12.62de	3.08	4.39ef	0.91

注：Mean 和 Std 分别代表平均值和标准差。同列不同小写英文字母表示在 0.05 水平上差异显著

对于天然阔叶树来说，山杨树干生物量占总生物量的百分比最大，为 72.4%；色木树干生物量占总生物量的百分比最小，为 57.5%；椴树树根生物量占总生物量的百分比最大，为 24.3%；山杨树根生物量占总生物量的百分比最小，为 16.2%；色木树枝生物量占总生物量的百分比最大，为 15.4%；椴树树枝生物量的百分比最小，为 9.1%；榆树树叶生物量占总生物量的百分比最大，为 3.8%；山杨树叶生物量占总生物量的百分比最小，为 2.1%。总的来看，树干生物量平均所占百分比为 62.6%，树根生物量为 21.8%，树枝生物量为 12.5%，树叶生物量为 3.0%。平均来说，地上生物量（即树干生物量、树枝生物量和树叶生物量之和）占总生物量的百分比大约为 78.2%，而地下生物量（即树根）所占的百分比大约为 21.8%。

对于人工林树种来说，人工落叶松生物量占总生物量的百分比最大，为69.1%；人工红松树干生物量占总生物量的百分比最小，为56.6%；人工杨树树根生物量占总生物量的百分比最大，为23.2%；人工樟子松树根生物量占总生物量的百分比最小，为18.5%；人工红松树枝生物量占总生物量的百分比最大，为13.9%；人工落叶松树枝生物量占总生物量的百分比最小，为8.2%；人工红松树叶生物量占总生物量的百分比最大，为8.3%；人工落叶松树叶生物量占总生物量的百分比最小，为3.0%。总的来看，树干生物量平均所占百分比为62.5%，树根生物量为20.6%，树枝生物量为11.2%，树叶生物量为5.6%。平均来说，地上生物量（即树干生物量、树枝生物量和树叶生物量之和）占总生物量的百分比大约为79.4%，而地下生物量（即树根）所占的百分比大约为20.6%。

此外，本研究还比较了不同类型树种生物量分配比例。由表5-3可知，人工林树种的生物量树根分配比例显著小于天然树种的，但生物量树叶分配比例显著大于天然树种的，而人工林树种和天然树种树干和树枝生物量分配比例没有明显的差异。阔叶树种生物量树枝分配比例显著大于针叶树种，但是生物量树叶分配比例显著小于针叶树种，而阔叶树种和针叶树种树干和树根分配比例没有明显的差异。

表5-3 不同类型树种生物量分配比例

类型	树干（%）		树根（%）		树枝（%）		树叶（%）	
	Mean	Std	Mean	Std	Mean	Std	Mean	Std
人工林树种	62.53a	8.36	20.30a	4.54	11.18a	4.33	5.99a	2.97
天然树种	62.43a	7.51	22.78b	6.69	11.21a	4.61	3.58b	2.04
阔叶树种	62.57a	7.44	21.99a	6.16	12.37a	4.45	3.07a	1.13
针叶树种	62.36a	8.07	22.07a	6.37	10.15b	4.30	5.42b	3.00

注：Mean和Std分别代表平均值和标准差。同列不同小写英文字母表示在0.05水平上差异显著

5.2.2 东北林区主要树种不同径级生物量分配

5.2.2.1 天然针叶树种生物量分配

东北林区4个主要天然针叶树种不同器官在不同胸径范围的生物量相对分配比例如图5-1所示，其中胸径范围为<10cm的树木被定义为小树，10cm<D<25cm的树木被定义为中等树，D>25cm的树木被定义为大树。对于红松来说，不同胸径范围的树干生物量对于总生物量的相对贡献率为57.9%~65.8%。中等树的树干生物量占总生物量的百分比最大，约为64.0%，小树和大树的树干生物量占总生物量的百分比相对较小，约为59.0%。树根生物量占总生物量的百分比从小树、

中等树的 19.0%增大到大树的 30.0%。胸径范围为 10~15cm 和>25cm 的树木树枝生物量占总生物量的百分比较小，约为 8.5%，其他胸径范围树木的树枝生物量所占百分比较大，约为 12%。树叶生物量占总生物量的百分比从小树的 8.9%减小到大树的 3.0%[图 5-1（A）]。对于臭冷杉来说，小树的树干生物量所占百分比最小，为 54.8%，大树、中等树的树干所占百分比相对较大，约为 62.5%。大树的树根生物量占总生物量百分比最大，约为 23.0%，中等树、小树的树根所占百分比较小，约为 20.5%。树枝和树叶生物量占总生物量的百分比分别从中等树、小树的 13.0%和 6.0%减小到大树的 10.0%和 3.5%[图 5-1（B）]。对于红皮云杉来说，树干和树根生物量占总生物量的百分比分别从小树的 49.3%和 22.0%增加到大树、中等树的 59.5%和 24.0%。然而，树枝和树叶生物量占总生物量的百分比分别从小树的 16.3%和 12.0%减小到大树、中等树的 10.1%和 6.6%[图 5-1（C）]。对于落叶松来说，不同胸径范围树木的树干和树根生物量所占百分比分别在 60.0%和 25.0%以上，且中等树的树干所占百分比较大，而其树根所占百分比相对较小。中等树的树枝生物量所占百分比较小，约为 6.7%，小树、大树的树枝生物量所占百分比相对较大，约为 7.7%。树叶生物量占总生物量百分比从小树的 3.9%减小到大树的 1.7%[图 5-1（D）]。

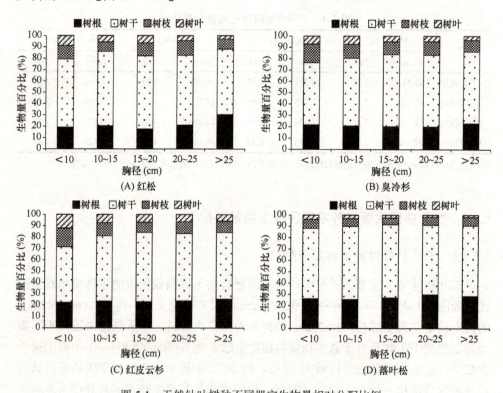

图 5-1 天然针叶树种不同器官生物量相对分配比例

5.2.2.2 天然阔叶树种生物量分配

本研究也计算了东北林区 9 个主要天然阔叶树种不同器官在不同胸径范围的生物量相对分配比例，如图 5-2 所示。对于柞树来说，树干、树根和树叶生物量占总生物量的百分比分别从小树的 64.0%、25.0%和 3.7%降低到大树的 56.8%、19.8%和 2.7%。然而，树枝生物量占总生物量的百分比从小树的 7.3%增加到大树的 20.7%〔图 5-2（A）〕。对于山杨来说，树干和树根生物量占总生物量的百分比分别从小树、中等树的 73.4%和 16.6%减小到大树的 68.9%和 15.4%。树枝和树叶生物量所占百分比变化规律与树干和树根相反，分别从小树、中等树的 8.0%和 2.0%增加到 13.5%和 2.2%〔图 5-2（B）〕。对于椴树来说，树干生物量占总生物量的百分比从小树的 61.0%增大到大树的 71.1%，其中，中等树的树干生物量所占百分比变化较大，胸径范围为 10~15cm 树木的树干生物量所占百分比最小（57.7%）。树根生物量所占百分比变化规律正好与树干相反，小树的树根生物量所占百分比较大，为 28.2%，而大树的树根生物量所占百分比较小，为 16.5%，胸径范围为 10~15cm 树木的树根生物量所占百分比最大（31.2%）。树枝生物量所占百分比从小树的 8.1%增加到大树的 11.0%。树叶生物量所占百分比变化规律与树枝相反，从小树的 2.8%减小到大树的 1.4%〔图 5-2（C）〕。对于白桦来说，小树、中等树的树干生物量所占百分比较大，约为 63.0%，而大树的树干生物量所占百分比较小，为 56.4%。小树、大树的树根生物量所占百分比较大，都在 24.0%以上，而中等树的树根生物量所占百分比相对较小，约为 21.1%。树枝生物量所占百分比从小树的 8.9%增加到大树的 16.6%。然而，随着胸径的增大，树叶生物量所占百分比略微增大，各个胸径范围的树叶生物量所占百分比没有明显的不同〔图 5-2（D）〕。对于水曲柳来说，小树、中等树的树干生物量所占总生物量百分比较大，分别为 61.0%和 63.4%，而大树的树干生物量所占百分比较小，为 59.6%。胸径范围为 15~20cm 树木的树根生物量所占百分比最小，为 17.5%，其余胸径范围的树根生物量所占百分比差异不大，约为 23.0%。胸径范围 10~15cm 树木的树枝生物量所占百分比较小，在 10%以下，其余胸径范围的树枝生物量所占百分比在 11.6%以上，且大树的树枝生物量所占百分比较大。树叶生物量所占百分比从小树的 4.5%降低到大树的 2.7%〔图 5-2（E）〕。对于胡桃楸来说，树干生物量占总生物量的百分比从小树的 50.6%增大到大树的 64.1%。不同胸径范围的树根生物量所占百分比变化规律与树干生物量相反，从小树的 31.2%降低到大树的 18.1%。胸径范围为 15~20cm 树木的树枝生物量所占百分比较小，约为 13.6%，其余胸径范围的树枝生物量所占百分比都在 14.0%以上，且大树的树枝生物量所占百分比较大。然而，不同胸径范围树木的树叶生物量所占百分比差异不大，从小树的 4.1%降低到大树的 3.1%〔图 5-2（F）〕。对于黑桦来说，小树、中等树的树干生物量占

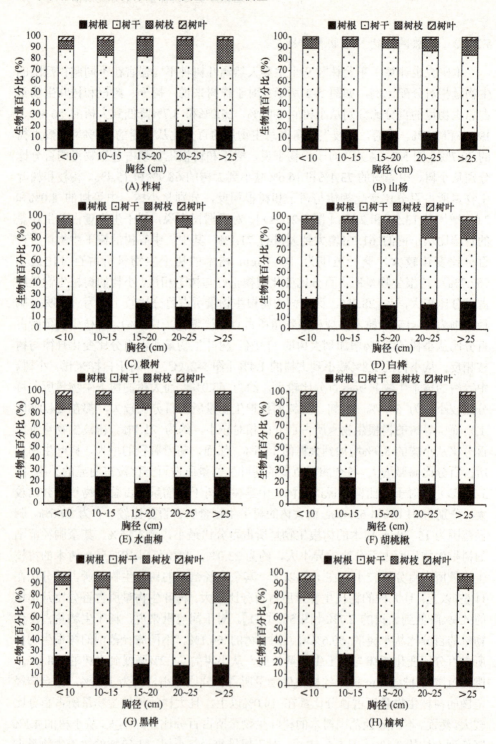

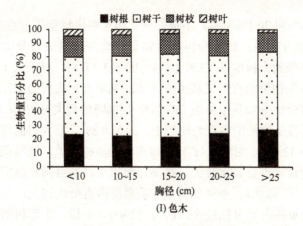

图 5-2 天然阔叶树种不同器官生物量相对分配比例

总生物量的百分比较大，在 64.0%以上，大树的树干生物量所占百分比较小，约为 56.1%。树根生物量所占百分比从小树的 25.4%降低到大树的 18.2%。树枝生物量所占百分比从小树的 7.2%增加到大树的 22.1%。小树、大树的树叶生物量所占百分比较大，约为 3.7%，而中等树的树叶生物量所占百分比较小，约为 3.0%[图 5-2（G）]。对于榆树来说，树干生物量占总生物量的百分比从小树的 51.9%增大到大树的 64.9%。树根、树枝和树叶生物量所占百分比分别从小树的 26.2%、16.6%和 5.4%降低到大树的 21.9%、10.6%和 2.6%[图 5-2（H）]。对于色木来说，胸径范围 15~20cm 树木的树干生物量占总生物量的百分比最大，为 60.6%，其余胸径范围的树干所占百分比较小，约为 57.0%。大树的树根生物量所占百分比最大，为 26.9%，其余胸径范围树木的树根生物量所占百分比较小，约为 23.0%。不同胸径范围的树枝生物量所占百分比差异不大，小树、中等树的树枝生物量所占百分比略大，约为 15.5%，大树的树枝生物量所占百分比略小，为 14.1%。树叶生物量所占百分比从小树的 4.9%降低到大树的 2.1%[图 5-2（I）]。

5.2.2.3 人工林树种生物量分配

东北林区 4 个主要人工林树种不同器官在不同胸径范围的生物量相对分配比例如图 5-3 所示。对于人工红松来说，随着胸径的增大，树干生物量占总生物量的百分比逐渐减小，小树、中等树的树干生物量百分比较大，约为 59.0%，而大树的树干生物量百分比较小，为 51.0%。小树的树根生物量所占百分比较大，约为 26.0%，而中等树的树根生物量所占百分比较小，约为 20.7%。树枝生物量所占百分比从小树的 6.6%增大到大树的 19.1%。然而，不同胸径范围树木的树叶生物量所占百分比差异不大，大树、中等树的树叶生物量百分比略大[图 5-3（A）]。对于人工落叶松来说，中等树、大树的树干和树根生物量占总生物量的百分比较大，分别为 68.9%和 20.1%左右，小树的树干和树根生物量所占百分比相对较小，分别为 63.0%和 17.4%。树枝和树叶生物量占总生物量的百分比分别从小树的 12.0%和 7.9%降低到大树的 5.9%和 1.4%[图 5-3（B）]。对于人工樟子松来说，树干生物量占总生物量的百分比从小树的 52.1%增大到大树的 67.4%。树根和树叶生物量所占百分比分别从小树的 28.3%和 9.4%降低到大树的 14.7%和 5.9%。小树、中等树的树枝生物量所占百分比较小，约为 9.8%，而大树的树枝生物量所占百分比较大，为 12.0%[图 5-3（C）]。对于人工杨树来说，胸径范围为 10~15cm 树木的树干生物量所占百分比较大，在 61.0%以上，其余胸径范围的树干生物量所占百分比都小于 60.0%。小树的树根生物量所占百分比较大，为 23.7%，而中等树的树根生物量所占百分比较小，约为 22.9%。小树、中等树的树枝生物量所占百分比较小，为 11.8%，而大树的树枝生物量所占百分比较大，约为 15.0%。树叶生物量所占百分比从小树的 4.7%降低到大树的 4.1%[图 5-2（D）]。

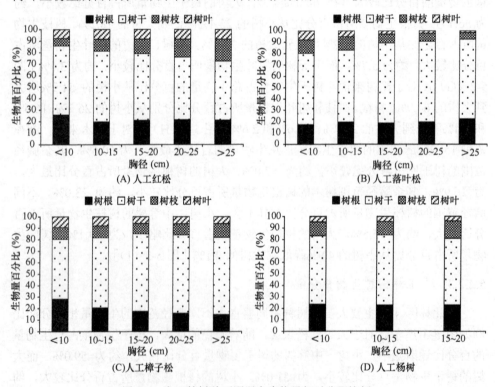

图 5-3 人工林树种不同器官生物量相对分配比例

5.2.3 东北林区主要树种不同年龄生物量分配

通常来讲，天然林林龄的获取较为困难，而人工林较为容易。因此，我们只分析了不同人工林树种年龄对其生物量分配的影响。图 5-4 表明，东北林区 3 个主要人工林针叶树种不同龄级会影响各器官生物量相对分配比例。对于红松来说，树干和树根生物量占总生物量的百分比分别从幼龄树（年龄小于 20 年）的 60.0% 和 25.0% 减小到中龄树（年龄 20~40 年）和老龄树（年龄大于 40 年）的 57.5% 和 20.3%。树枝生物量占总生物量的百分比从幼龄树木的 6.9% 增加到中龄和老龄树的 13.7%。中龄树树叶占总生物量百分比略大（约 9%），而幼树和老树占总生物量百分比较小（约 7%）。对于落叶松来说，树干和树根生物量占总生物量的百分比分别从幼龄树的 62.2% 和 18.5% 增加到中龄和老龄树的 70.3% 和 20.1%。树枝和树叶生物量占总生物量的百分比分别从幼龄树木的 13.4% 和 5.9% 减小到到中龄和老龄树的 7.2% 和 2.4%。对于樟子松来说，仅树干生物量占总生物量的百分比随着树木年龄的增大而增大，从幼树的 54.1% 增加到老树的 69.2%。树枝、树叶和树干生物量占总生物量的百分比随着树木年龄的增大而减小。

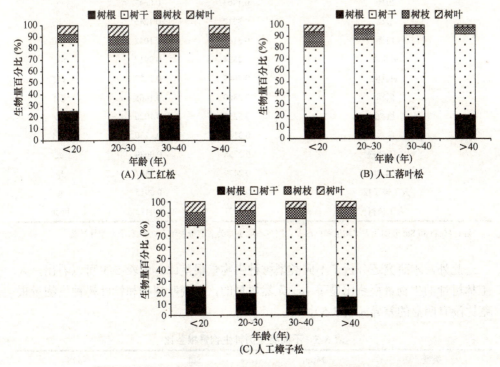

图 5-4 人工林树种不同器官在不同林龄的生物量相对分配比例

5.3 东北林区主要树种生物量根茎比

5.3.1 东北林区主要树种生物量根茎比统计

本研究分析了东北林区主要树种的根茎比（R/S，R 为地下生物量，S 为地上生物量)(表 5-4)。由表 5-4 可知,不同树种的根茎比也存在较大的变异,其平均值为 0.290。其中,天然落叶松的根茎比平均值最大,为 0.378,山杨的最小,为 0.196(表 5-4)。

表 5-4　东北林区主要树种根茎比统计

树种	R/S		组别
	Mean	Std	
红松	0.3209	0.1604	bcd
臭冷杉	0.2699	0.1023	ef
红皮云杉	0.3119	0.0718	cbcd
落叶松	0.3782	0.1545	a
柞树	0.2870	0.1206	cde
山杨	0.1963	0.0642	h
椴树	0.3312	0.1245	b
白桦	0.3102	0.1042	bcd
水曲柳	0.2834	0.0917	cdef
胡桃楸	0.2649	0.1127	efg
黑桦	0.2800	0.1068	def
榆树	0.3252	0.1020	bc
色木	0.3188	0.1230	bcd
人工红松	0.2728	0.0679	ef
人工落叶松	0.2479	0.0587	fg
人工樟子松	0.2331	0.0915	g
人工杨树	0.3027	0.0412	bcde

注：Mean 和 Std 分别代表平均值和标准差。同列不同小写英文字母表示在 0.05 水平上差异显著

此外,本研究还分析了不同类型树种生物量根茎比。由表 5-5 可以看出,人工林树种的生物量根茎比显著小于天然树种的,而阔叶树种和针叶树种生物量根茎比没有明显的差异(表 5-5)。

表 5-5　不同类型树种生物量根茎比

类型	Mean	Std	组别
人工林树种	0.2588	0.0742	a
天然树种	0.3057	0.1245	b
阔叶树种	0.2904	0.1088	a
针叶树种	0.2925	0.1198	a

注：Mean 和 Std 分别代表平均值和标准差。同列不同小写英文字母表示在 0.05 水平上差异显著

5.3.2 东北林区主要树种地下生物量与地上生物量关系

5.3.2.1 天然针叶树种

图 5-5 显示，各天然针叶树种地上生物量与地下生物量之间存在明显的线性关系，其中红松地上生物量与地下生物量线性关系的 R^2 和斜率分别为 0.98 和 0.65，臭冷杉的 R^2 和斜率分别为 0.91 和 0.29，红皮云杉的 R^2 和斜率分别为 0.94 和 0.32，落叶松的 R^2 和斜率分别为 0.91 和 0.40（图 5-4）。

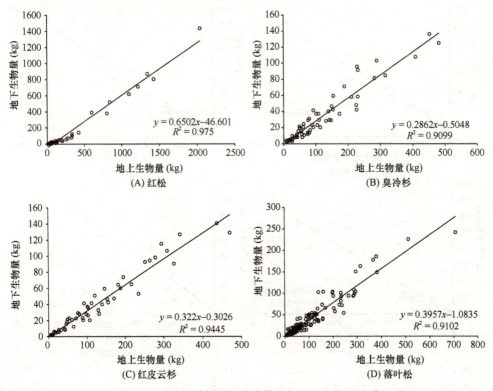

图 5-5 天然针叶树种地上生物量与地下生物量关系

5.3.2.2 天然阔叶树种

各天然阔叶树种地上生物量与地下生物量有着明显的线性关系，其中柞树地上生物量与地下生物量线性关系的 R^2 和斜率分别为 0.94 和 0.24，山杨的 R^2 和斜率分别为 0.95 和 0.17，椴树的 R^2 和斜率分别为 0.97 和 0.19，白桦的 R^2 和斜率分别为 0.94 和 0.32，水曲柳地上生物量与地下生物量线性关系的 R^2 和斜率分别为 0.92 和 0.30，胡桃楸的 R^2 和斜率分别为 0.85 和 0.20，黑桦的 R^2 和斜率分别为 0.95 和 0.22，榆树的 R^2 和斜率分别为 0.93 和 0.27，色木的 R^2 和斜率分别为 0.91 和 0.37（图 5-6）。

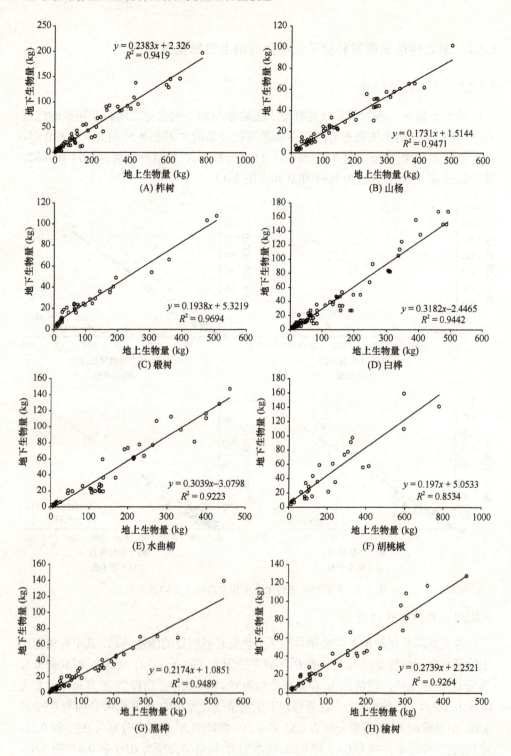

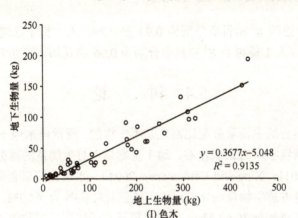

图 5-6 天然阔叶树种地上生物量与地下生物量关系

5.3.2.3 人工林树种

图 5-7 显示,各人工林树种地上生物量与地下生物量之间存在明显的线性关系,其中人工红松地上生物量与地下生物量线性关系的 R^2 和斜率分别为 0.82 和

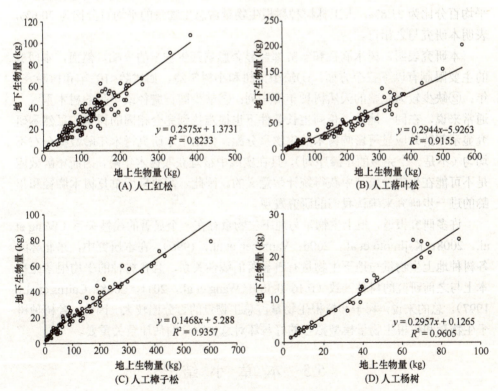

图 5-7 人工林树种地上生物量与地下生物量关系

0.26，人工落叶松的 R^2 和斜率分别为 0.92 和 0.29，人工樟子松的 R^2 和斜率分别为 0.94 和 0.15，人工杨树的 R^2 和斜率分别为 0.96 和 0.30（图 5-7）。

5.4 讨 论

树木不同器官的生物量分配比例也是不一样的。通常树木地下生物量（树根）占总生物量比例较小，约 25%左右，地上生物量占总生物量的百分比为 75%左右（Wang et al.，2011；Xiao and Ceulemans，2004）。本研究结果表明，东北林区各树种树干生物量占总生物量的比例最大，天然针叶树种为 61.3%，天然阔叶树种为 62.6%，人工林树种为 62.5%。人工林树种和天然阔叶树种树干生物量占总生物量的平均百分比较大，而天然针叶树种树干生物量占总生物量的平均百分比较小。已有的研究结果表明（Wang et al.，2011），树干生物量占总生物量的百分比为 35%~76%，本研究结果与之一致。对于大部分树种来说，其树根生物量占总生物量的百分比一般不超过 30%（Cairns et al.，1997），本研究天然针叶树种树根生物量占总生物量的平均百分比为 23.6%，天然阔叶树种树根生物量占总生物量的平均百分比为 21.8%，人工林树种树根生物量占总生物量的平均百分比为 20.6%，表明本研究与之相符。

本研究表明，树木胸径和年龄都会显著影响其生物量的分配。然而，本研究的主要限制有以下三个方面：①缺少大树和小树年龄，如树龄<10 年和树龄>60 年；②缺少较为完整的天然树种年龄序列；③缺少同一胸径或年龄的树木重复。通常来说，在同一地区、相同生长条件下也很难找到完全相同的树木。虽然本研究显示年龄效应显著影响树木的生物量分配，但由于本研究树木年龄数据分布不均匀（不是一个完整的年龄序列），且在实践中很难获取树木年龄，因而年龄效应是不可能在生物量模型中获得统计学意义的。因此，需要采用重复树木胸径和年龄的进一步研究来确认我们的研究发现。

许多研究报道，地上生物量与地下生物量存在一个显著的线性关系（Wang et al.，2008；Kajimoto et al.，2006；Vanninen et al.，1996）。在本研究中，东北林区各树种地上生物量与地下生物量有着显著的线性关系，且各树种的平均根茎比基本上与之前研究的树种一致（0.16~0.50）（Wang et al.，2011，2008；Cairns et al.，1997）。总的来说，树干和树根生物量占总生物量的百分比较大。因此，各树种树干生物量和树根生物量模型拟合的好与坏对总生物量的估计至关重要。

5.5 本章小结

本研究分析了东北林区 17 个树种地上和地下各分项生物量的分配比例。研究表明，不同胸径大小树木的各器官生物量分配比例是不同的，其变化规律有一定的不稳定性，有些器官生物量分配比例随着胸径（或年龄）的增大而增大（或有增大的趋势），有些器官生物量分配比例随着胸径（或年龄）的增大而减小（或有减小的趋势），还有一些器官生物量分配比例不随胸径的变化而变化（或没有明显的增大或减小）。总的来说，东北林区各树种树干生物量所占百分比最大，为62.5%，紧随其后的是树根生物量，其所占百分比为22.0%，而树枝和树叶生物量百分比较小，分别为11.2%和4.3%。此外，东北林区各树种地上生物量与地下生物量有着明显的线性关系，其根茎比变化范围为0.196~0.378。

第6章 东北林区主要树种生物量模型

森林生物量作为森林生态系统性质、状态的重要特征,是研究森林碳储量与碳平衡等许多林业问题与生态问题的基础。由于在评价不同林分类型或区域的净初级生产力(NPP)和估计森林生态系统碳储量、碳通量的时候,都需要用到生物量(Mu et al., 2013; Pregitzer and Euskirchen, 2004),因此,准确估计树木树干、树根、树枝和树叶生物量变得尤为重要。

本研究以东北林区17个树种生物量实测数据为基础,利用似然分析法去判断各树种总量及各分项生物量模型的误差结构,之后利用Parresol(2001)提出的聚合型可加性生物量模型来构建各树种可加性生物量模型,为区域或国家尺度上森林生态系统生物量和碳储量的估算提供一定的依据。

6.1 建模数据

本部分所用数据来自于大兴安岭地区、小兴安岭地区、长白山地区和松嫩平原的17个树种1049株解析木生物量实测数据。各树种解析木信息及生物量统计见表5-1。经方差分析,各树种总生物量在不同区域没有明显的不同。因此,在本研究中,来自不同区域的各树种生物量数据被合并,进而进行生物量模型的研建。

6.2 模型构建

6.2.1 模型优选

生物量模型已经被研究了半个多世纪,大多数生物量模型将胸径(D)作为唯一的预测变量。事实上,树木即使胸径相同,树高也会有所不同,因而其生物量之间也会存在一定的差异。因此,为了提高生物量模型的预测精度,许多研究将树高(H)作为另一个变量去开展 D-H 变量的生物量方程。第3章已讨论,在许多研究中选择异速生长方程作为总量和各分项生物量模型,模型分为一元异速生长方程 $W=a \cdot D^b$ 和二元异速生长方程 $W=a \cdot D^b \cdot H^c$、$W=a \cdot (D^2 \cdot H)^b$。许多研究表明(Battulga et al., 2013; Cai et al., 2013),与方程 $W=a \cdot D^b$ 相比,方程 $W=a \cdot D^b \cdot H^c$ 能显著提高模型的拟合效果,而方程 $W=a \cdot (D^2 \cdot H)^b$ 提高模型的拟合效果非常有限。

在本研究中，采用 R_a^2、RMSE 和 AIC 比较两种二元生物量模型 $W=a\cdot D^b\cdot H^c$ 和 $W=a\cdot(D^2\cdot H)^b$ 的拟合效果，进而选出最优的二元生物量模型。以仅含 D 和最优 D-H 生物量模型为基础构建东北林区各树种一元和二元可加性生物量模型。

6.2.2 可加性生物量模型构造

为了满足立木总生物量等于各分项生物量之和这一逻辑关系，就需要各分项生物量模型之间具有可加性或相容性。目前，国内外主要有两种非线性形式的可加性生物量模型：①分解型可加性生物量模型；②聚合型可加性生物量模型。总的来看，分解型可加性模型在我国使用较多，而国外研究者主要利用聚合型可加性生物量模型来解决生物量方程的可加性问题。分解型可加性生物量模型只能用加权回归来消除异方差，而聚合型可加性生物量模型可以用加权回归或对数转换来消除异方差。总之，聚合型可加性生物量模型似乎更好，其不仅能解决立木总生物量等于各分项生物量之和这一逻辑关系，而且考虑同一解析木总量、各分项生物量之间的内在相关性。因此，本研究用聚合型可加性生物量模型来构建东北林区各树种一元和二元可加性生物量模型。

1）一元可加性生物量模型

由于仅含有胸径变量的异速生长方程 $W=a\cdot D^b$ 分别有两种形式的误差结构：

$$W = a\cdot D^b \cdot e^\varepsilon \tag{6-1}$$

$$W = a\cdot D^b + \varepsilon \tag{6-2}$$

因而有两种不同形式的可加性生物量模型形式，W_t、W_a、W_r、W_s、W_b、W_f 和 W_c 分别代表总生物量、地上部分生物量、地下部分生物量、树干生物量、树枝生物量、树叶生物量和树冠生物量，其单位为 kg。D 代表胸径（1.3m 处直径），其单位为 cm。一般来讲，聚合型可加性生物量模型可以有多个限制条件，本研究主要有三个限制条件：①各分项生物量之和等于总生物量；②树干、树枝、树叶生物量之和等于地上部分生物量；③树枝和树叶生物量之和等于树冠生物量，具体模型构造如下。

假定异速生长方程 $W=a\cdot D^b$ 误差结构是可加型的，7 个非线性方程的可加性生物量模型系统如下：

$$\begin{cases} W_r = a_r \cdot D^{b_r} + \varepsilon_r \\ W_s = a_s \cdot D^{b_s} + \varepsilon_s \\ W_b = a_b \cdot D^{b_b} + \varepsilon_b \\ W_f = a_f \cdot D^{b_f} + \varepsilon_f \\ W_c = W_b + W_f + \varepsilon_c = a_b \cdot D^{b_b} + a_f \cdot D^{b_f} + \varepsilon_c \\ W_a = W_s + W_b + W_f + \varepsilon_a = a_s \cdot D^{b_s} + a_b \cdot D^{b_b} + a_f \cdot D^{b_f} + \varepsilon_a \\ W_t = W_r + W_s + W_b + W_f + \varepsilon_t = a_r \cdot D^{b_r} + a_s \cdot D^{b_s} + a_b \cdot D^{b_b} + a_f \cdot D^{b_f} + \varepsilon_t \end{cases} \quad (6\text{-}3)$$

假定异速生长方程 $W=a \cdot D^b$ 误差结构是相乘型的,将树根生物量、树干生物量、树枝生物量和树叶生物量模型进行对数转换,但地上部分生物量、树冠生物量和总生物量不能被线性化,7个非线性方程的可加性生物量模型系统如下:

$$\begin{cases} \ln W_r = \ln(a_r) + b_r \cdot \ln D + \varepsilon_r = a_r^* + b_r^* \cdot \ln D + \varepsilon_r \\ \ln W_s = \ln(a_s) + b_s \cdot \ln D + \varepsilon_s = a_s^* + b_s^* \cdot \ln D + \varepsilon_s \\ \ln W_b = \ln(a_b) + b_b \cdot \ln D + \varepsilon_b = a_b^* + b_b^* \cdot \ln D + \varepsilon_b \\ \ln W_f = \ln(a_f) + b_f \cdot \ln D + \varepsilon_f = a_f^* + b_f^* \cdot \ln D + \varepsilon_f \\ \ln W_c = \ln(W_b + W_f) + \varepsilon_c = \ln(a_b \cdot D^{b_b} + a_f \cdot D^{b_f}) + \varepsilon_c \\ \ln W_a = \ln(W_s + W_b + W_f) + \varepsilon_a = \ln(a_s \cdot D^{b_s} + a_b \cdot D^{b_b} + a_1 \cdot D^{b_f}) + \varepsilon_a \\ \ln W_t = \ln(W_r + W_s + W_b + W_f) + \varepsilon_t = \ln(a_r \cdot D^{b_r} + a_s \cdot D^{b_s} + a_b \cdot D^{b_b} + a_f \cdot D^{b_f}) + \varepsilon_t \end{cases} \quad (6\text{-}4)$$

2)二元可加性生物量模型

在本研究中,17个树种的生物量数据包含实测树高数据,因此,树高变量可以被添加到可加性生物量模型系统中。同样,$W=a \cdot D^b \cdot H^c$ 和 $W=a \cdot (D^2 \cdot H)^b$ 也分别有两种形式的误差结构,其模型结构如下。

对于异速生长方程 $W=a \cdot D^b \cdot H^c$,假设误差结构为相加型的,含有胸径和树高变量的可加性生物量模型系统构造如下:

$$\begin{cases} W_r = a_r \cdot D^{b_r} \cdot H^{c_r} + \varepsilon_r \\ W_s = a_s \cdot D^{b_s} \cdot H^{c_s} + \varepsilon_s \\ W_b = a_b \cdot D^{b_b} \cdot H^{c_b} + \varepsilon_b \\ W_f = a_f \cdot D^{b_f} \cdot H^{c_f} + \varepsilon_f \\ W_c = W_b + W_f + \varepsilon_c = a_b \cdot D^{b_b} \cdot H^{c_b} + a_f \cdot D^{b_f} \cdot H^{c_f} + \varepsilon_c \\ W_a = W_s + W_b + W_f + \varepsilon_a = a_s \cdot D^{b_s} \cdot H^{c_s} + a_b \cdot D^{b_b} \cdot H^{c_b} + a_f \cdot D^{b_f} \cdot H^{c_f} + \varepsilon_a \\ W_t = W_r + W_s + W_b + W_f + \varepsilon_t = a_r \cdot D^{b_r} \cdot H^{c_r} + a_s \cdot D^{b_s} \cdot H^{c_s} + a_b \cdot D^{b_b} \cdot H^{c_b} + a_f \cdot D^{b_f} \cdot H^{c_f} + \varepsilon_t \end{cases} \quad (6\text{-}5)$$

假定误差结构是相乘型的，7个线性方程的可加性生物量模型系统如下：

$$\begin{cases} \ln W_r = \ln(a_r) + b_r \cdot \ln D + c_r \cdot \ln H + \varepsilon_r = a_r^* + b_r^* \cdot \ln D + c_r^* \cdot \ln H + \varepsilon_r \\ \ln W_s = \ln(a_s) + b_s \cdot \ln D + c_s \cdot \ln H + \varepsilon_s = a_s^* + b_s^* \cdot \ln D + c_s^* \cdot \ln H + \varepsilon_s \\ \ln W_b = \ln(a_b) + b_b \cdot \ln D + c_b \cdot \ln H + \varepsilon_b = a_b^* + b_b^* \cdot \ln D + c_b^* \cdot \ln H + \varepsilon_b \\ \ln W_f = \ln(a_f) + b_f \cdot \ln D + c_f \cdot \ln H + \varepsilon_f = a_f^* + b_f^* \cdot \ln D + c_f^* \cdot \ln H + \varepsilon_f \\ \ln W_c = \ln(W_b + W_f) + \varepsilon_c = \ln(a_b \cdot D^{b_b} \cdot H^{c_b} + a_f \cdot D^{b_f} \cdot H^{c_f}) + \varepsilon_c \\ \ln W_a = \ln(W_s + W_b + W_f) + \varepsilon_a = \ln(a_s \cdot D^{b_s} \cdot H^{c_s} + a_b \cdot D^{b_b} \cdot H^{c_b} + a_f \cdot D^{b_f} \cdot H^{c_f}) + \varepsilon_a \\ \ln W_t = \ln(W_r + W_s + W_b + W_f) + \varepsilon_t = \ln(a_r \cdot D^{b_r} \cdot H^{c_r} + a_s \cdot D^{b_s} \cdot H^{c_s} + a_b \cdot D^{b_b} \cdot H^{c_b} + a_f \cdot D^{b_f} \cdot H^{c_f}) + \varepsilon_t \end{cases} \quad (6\text{-}6)$$

对于异速生长方程 $W = a \cdot (D^2 \cdot H)^b$，分别用合并变量 $D^2 \cdot H$ 替换式（6-3）和式（6-4）的变量 D 来开展含有胸径和树高的可加性生物量模型：

$$\begin{cases} W_r = a_r \cdot (D^2 \cdot H)^{b_r} + \varepsilon_r \\ W_s = a_s \cdot (D^2 \cdot H)^{b_s} + \varepsilon_s \\ W_b = a_b \cdot (D^2 \cdot H)^{b_b} + \varepsilon_b \\ W_f = a_f \cdot (D^2 \cdot H)^{b_f} + \varepsilon_f \\ W_c = a_b \cdot (D^2 \cdot H)^{b_b} + a_f \cdot (D^2 \cdot H)^{b_f} + \varepsilon_c \\ W_t = a_r \cdot (D^2 \cdot H)^{b_r} + a_s \cdot (D^2 \cdot H)^{b_s} + a_b \cdot (D^2 \cdot H)^{b_b} + a_f \cdot (D^2 \cdot H)^{b_f} + \varepsilon_t \end{cases} \quad (6\text{-}7)$$

和

$$\begin{cases} \ln W_r = a_r^* + b_r^* \cdot \ln(D^2 \cdot H) + \varepsilon_r \\ \ln W_s = a_s^* + b_s^* \cdot \ln(D^2 \cdot H) + \varepsilon_s \\ \ln W_b = a_b^* + b_b^* \cdot \ln(D^2 \cdot H) + \varepsilon_b \\ \ln W_f = a_f^* + b_f^* \cdot \ln(D^2 \cdot H) + \varepsilon_f \\ \ln W_c = \ln\left(a_b \cdot (D^2 \cdot H)^{b_b} + a_f \cdot (D^2 \cdot H)^{b_f}\right) + \varepsilon_c \\ \ln W_a = \ln\left(a_s \cdot (D^2 \cdot H)^{b_s} + a_b \cdot (D^2 \cdot H)^{b_b} + a_f \cdot (D^2 \cdot H)^{b_f}\right) + \varepsilon_a \\ \ln W_t = \ln\left(a_r \cdot (D^2 \cdot H)^{b_r} + a_s \cdot (D^2 \cdot H)^{b_s} + a_b \cdot (D^2 \cdot H)^{b_b} + a_f \cdot (D^2 \cdot H)^{b_f}\right) + \varepsilon_t \end{cases} \quad (6\text{-}8)$$

式中，ln 为自然对数，a_i、b_i、c_i、a_i^*、b_i^*和c_i^*是回归系数，ε_i是误差项。

对于每个异速生长方程都有两种形式的可加性生物量模型系统，选用哪一种模型系统去拟合东北林区各树种生物量是一个关键的决定。如果东北林区各树种总量及各分项生物量模型的误差结构是相加型的，那么非线性可加性生物量模型系统应该被用来拟合生物量数据。如果东北林区各树种总量及各分项生物量模型的误差结构是相乘型的，那么对数转换的可加性生物量模型系统应该被选择。本研究采用 Xiao 等（2011）提出的似然分析法去确定东北林区各树种总量及各分项生物量模型的误差结构。似然分析法的具体计算步骤在第 3 章进行了详细的说明。

此外，以上 6 个可加性生物量模型系统用 SAS/ETS 模块的非线性似乎不相关回归（NSUR）进行拟合（SAS Institute Inc，2011）。需要指出的是，因为式（6-3）、式（6-5）、式（6-7）中 7 个方程含有相同的解释变量，所以当其异方差权重一样时，自动满足了可加性性质。因此，如果选择这三个系统被拟合的话，必须进行加权回归，具体加权方法见文献（曾伟生等，1999；Parresol，1993）。

6.2.3 模型评价

众所周知，模型的拟合优度不能完全反映模型的预测能力，为了评价不同生物量模型的预测精度，模型检验是必不可少的。一些研究者研究表明，将整个样本分成建模样本和检验样本进行建模的做法并不能对回归模型的评价提供额外的信息。因此，模型拟合应该用全部数据，而评价模型预测能力应该用"刀切法"，也被称为预测平方和法（PRESS）。

评价模型的指标有很多，结合此前发表的一些生物量模型文献，综合考虑各种因素，在立木生物量评价和比较时，将调整后确定系数（R_a^2）、均方根误差（RMSE）、平均预测误差（MPE）、平均预测误差百分比（MPE%）、平均绝对误差（MAE）、平均绝对误差百分比（MAE%）和预测精度（P%）7 个指标作为基本评价指标，具体计算公式见第 4 章式（4-22）~式（4-29），其中：

$$\text{预测精度 } P\% = 1 - \frac{t_\alpha \cdot \sqrt{\dfrac{e_{i,-i}^{\,2}}{N-p}}}{\bar{Y} \cdot \sqrt{N}} \times 100 \qquad (6\text{-}9)$$

式中，N 为样本总数，p 为模型参数，$e_{i,-i}$ 为"刀切法"残差，$\bar{Y}$ 是观测值的平均值，t_α 为置信水平 $\alpha=0.05$ 时的 t 值。

6.2.4 校正系数

通常来说，如果用对数转换的异速生长方程去拟合生物量数据，当对数转换的生物量模型的估计值的反对数得到生物量估计值时，会产生一个系统偏差。因此，一个校正系数通常被用来校正反对数产生的系统偏差（Clifford et al.，2013；Baskerville，1972；Finney，1941）。Finney（1941）首次报道了这个系统偏差。许多研究者提出了不同的校正系数来消除这个系统偏差，其中 Baskerville（1972）的校正系数是基于对数转换的特点而提出的。因此，本研究使用 Baskerville（1972）校正系数，其计算公式如下：

$$CF = \exp\left(\frac{S^2}{2}\right) \qquad (6\text{-}10)$$

然而，Madgwick 和 Satoo（1975）发现使用校正系数后会高估生物量，建议如果模型反对数产生的偏差很小时，校正系数可以被忽略。为了评估校正系数的有效性，几个研究者提出了不同的统计量，如偏差百分比、标准误差百分比和平均百分比差异（Zianis et al.，2011；Yandle and Wiant，1981；Wiant and Harner，1979），其计算公式如下：

$$\text{偏差百分比 } B = \left(\frac{(CF-1)}{CF}\right) \times 100\% \qquad (6\text{-}11)$$

$$\text{标准误差百分比 } G = \sqrt{CF-1} \times 100\% \qquad (6\text{-}12)$$

$$\text{平均百分比差异 MPD} = \frac{\sum_{i=1}^{N}\left|\dfrac{W_i - \hat{W}_i}{W_i}\right| \times 100\%}{N} \qquad (6\text{-}13)$$

式中，N 为样本总数，W_i 是第 i 个观测值，$\hat{W}_i$ 是用全部数据拟合回归方程计算的 W_i 的预测值。

6.3 东北林区主要树种生物量模型构建

6.3.1 东北林区主要树种最优二元生物量模型选择

本研究计算了东北林区各树种两种生物量模型 $W = a \cdot D^b \cdot H^c$ 和 $W = a \cdot (D^2 \cdot H)^b$ 的 R_a^2、

RMSE 和 AIC 来比较这两种模型的拟合效果。将生物量模型 $W=a \cdot (D^2 \cdot H)^b$ 的 AIC 命名为 AIC_1，将生物量模型 $W=a \cdot D^b \cdot H^c$ 的 AIC 命名为 AIC_2。根据 R_a^2 和 RMSE 的计算公式和定义，R_a^2 值越大表明模型拟合效果越好，RMSE 值越小表明模型拟合效果越好。根据 AIC 协定规则，如果 ΔAIC（$AIC_1 - AIC_2$）>2，则生物量模型 $W=a \cdot D^b \cdot H^c$ 较好；如果 |ΔAIC|≤2，则两个生物量模型有着相同的拟合效果；如果 ΔAIC<-2，则生物量模型 $W=a \cdot (D^2 \cdot H)^b$ 较好。

表 6-1 给出了东北林区 4 个天然针叶树种总量及各分项生物量两种非线性生物量模型的拟合统计量。结果表明，4 个天然针叶树种总量及各分项生物量 $W=a \cdot D^b \cdot H^c$ 模型获得较大的 R_a^2，较小的 RMSE 和 AIC，且两种生物量模型的 ΔAIC>2。因此，$W=a \cdot D^b \cdot H^c$ 更适合拟合生物量，为 4 个天然针叶树种各总量和各分项生物量最优模型（表 6-1）。

表 6-1 东北地区 4 个针叶树种总量及各分项生物量两种非线性生物量模型拟合统计量

树种	各分量	$W = a \cdot (D^2 \cdot H)^b$			$W = a \cdot D^b \cdot H^c$		
		R_a^2	RMSE	AIC	R_a^2	RMSE	AIC
红松	总量	0.983	100.40	509.2	0.994	59.60	456.4
	地上	0.984	60.04	456.1	0.994	38.14	419.8
	树根	0.976	47.95	437.6	0.988	33.80	409.9
	树干	0.983	54.85	448.7	0.993	34.09	410.6
	树枝	0.946	9.94	323.3	0.950	9.55	306.3
	树叶	0.940	3.83	230.4	0.950	3.57	225.6
	树冠	0.960	12.19	325.4	0.960	11.43	321.0
臭冷杉	总量	0.990	16.87	630.6	0.990	12.55	478.8
	地上	0.990	10.79	459.7	0.992	9.85	449.7
	树根	0.900	10.24	453.4	0.945	7.58	418.3
	树干	0.987	10.38	455.0	0.987	10.29	455.0
	树枝	0.929	3.47	323.5	0.962	2.55	287.7
	树叶	0.966	0.98	171.6	0.973	0.88	160.0
	树冠	0.954	3.89	337.2	0.978	2.73	295.6
红皮云杉	总量	0.982	19.99	471.9	0.994	11.99	418.6
	地上	0.986	13.15	427.5	0.993	9.15	390.0
	树根	0.927	10.02	398.6	0.957	7.73	372.1
	树干	0.989	9.39	391.7	0.991	8.52	382.5
	树枝	0.873	5.29	330.9	0.917	4.28	309.4
	树叶	0.831	3.48	286.4	0.896	2.72	261.6
	树冠	0.902	7.11	362.2	0.957	4.69	319.2
落叶松	总量	0.979	22.99	1113.6	0.981	21.69	1101.7
	地上	0.983	14.9	1007.6	0.985	13.9	990.9
	树根	0.907	14.25	998.4	0.907	14.23	998.3
	树干	0.979	14.41	999.7	0.980	14.01	992.4
	树枝	0.935	2.99	617.6	0.945	2.75	600.1
	树叶	0.860	0.9	325.3	0.900	0.77	285.6
	树冠	0.941	3.38	647.6	0.957	2.91	611.5

表 6-2 给出了东北林区 9 个阔叶树种总量及各分项生物量两种非线性生物量模型的拟合统计量。结果表明，山杨树干、白桦树干、水曲柳树干和地上生物量 $W=a\cdot(D^2\cdot H)^b$ 模型获得了相等或略大的 R_a^2，略小的 RMSE 和 AIC。其余树种总量及各分项生物量都为 $W=a\cdot D^b\cdot H^c$ 模型获得较大的 R_a^2，较小的 RMSE 和 AIC。对于本研究 9 个天然阔叶树种的 63 个总量及各分项生物量模型，84%的生物量模型 $\Delta AIC>2$，16%的生物量模型 $|\Delta AIC|\leq 2$。总的来说，$W=a\cdot D^b\cdot H^c$ 更适合拟合生物量，为 9 个阔叶树种总量和各分项生物量最优模型（表 6-2）。

表 6-2 东北地区 9 个阔叶树种总量及各分项生物量两种非线性生物量模型拟合统计量

树种	各分量	$W=a\cdot(D^2\cdot H)^b$			$W=a\cdot D^b\cdot H^c$		
		R_a^2	RMSE	AIC	R_a^2	RMSE	AIC
柞树	总量	0.986	26.75	606.3	0.996	14.87	532.1
	地上	0.991	17.94	555.1	0.996	11.51	499.3
	地下	0.923	12.58	509.7	0.957	9.44	473.8
	树干	0.989	13.51	518.8	0.989	13.32	518.0
	树枝	0.951	11.94	503.0	0.983	7.09	437.2
	树叶	0.929	1.83	263.0	0.962	1.34	224.0
	树冠	0.952	13.28	516.6	0.984	7.62	446.5
山杨	总量	0.978	20.94	569.7	0.980	19.85	480.9
	地上	0.974	19.62	478.7	0.975	19.07	476.5
	地下	0.958	4.41	317.4	0.965	4.02	308.5
	树干	0.974	15.71	454.7	0.973	15.82	456.4
	树枝	0.925	5.91	349.0	0.952	4.74	326.2
	树叶	0.915	0.88	143.7	0.950	0.68	115.8
	树冠	0.930	6.50	359.3	0.957	5.05	333.1
椴树	总量	0.994	11.57	400.5	0.997	8.38	274.3
	地上	0.993	10.03	287.0	0.995	8.97	279.5
	地下	0.965	4.56	227.1	0.982	3.30	203.5
	树干	0.991	10.12	287.7	0.991	10.00	287.7
	树枝	0.959	3.45	205.8	0.974	2.75	189.7
	树叶	0.907	0.63	76.2	0.921	0.58	70.8
	树冠	0.959	3.82	213.6	0.975	2.99	196.0
白桦	总量	0.992	14.91	811.7	0.994	13.14	787.9
	地上	0.992	11.10	753.9	0.993	10.87	750.7
	地下	0.956	8.60	703.9	0.968	7.39	675.1
	树干	0.990	9.15	716.1	0.990	9.12	716.3
	树枝	0.969	5.24	606.6	0.979	4.32	570.1
	树叶	0.967	0.87	254.1	0.976	0.74	223.1
	树冠	0.972	5.72	624.1	0.982	4.58	581.5
水曲柳	总量	0.975	26.34	397.9	0.976	25.73	397.8
	地上	0.978	18.89	370.0	0.978	19.05	371.6
	地下	0.908	12.32	334.1	0.922	11.33	328.0
	树干	0.963	19.15	371.1	0.962	19.19	372.2
	树枝	0.957	5.33	263.7	0.977	3.89	238.1
	树叶	0.909	1.36	148.8	0.941	1.09	131.6
	树冠	0.957	6.25	277.1	0.979	4.38	248.2

续表

树种	各分量	$W = a \cdot (D^2 \cdot H)^b$			$W = a \cdot D^b \cdot H^c$		
		R_a^2	RMSE	AIC	R_a^2	RMSE	AIC
胡桃楸	总量	0.981	31.63	296.3	0.989	23.82	280.2
	地上	0.991	18.43	263.9	0.993	16.46	258.0
	地下	0.817	17.63	261.2	0.904	12.77	242.8
	树干	0.990	15.45	253.3	0.990	15.74	255.3
	树枝	0.909	10.07	227.7	0.960	6.65	203.6
	树叶	0.924	1.82	125.0	0.968	1.18	99.8
	树冠	0.922	11.08	234.6	0.973	6.49	202.2
黑桦	总量	0.983	17.93	451.7	0.984	17.33	449.1
	地上	0.989	11.82	408.4	0.989	11.62	407.6
	地下	0.913	7.39	359.6	0.922	7.00	354.9
	树干	0.990	7.73	364.3	0.991	7.36	360.1
	树枝	0.961	6.30	343.0	0.981	4.44	307.4
	树叶	0.962	0.93	143.7	0.984	0.59	97.7
	树冠	0.964	6.89	352.3	0.984	4.57	310.5
榆树	总量	0.978	21.74	507.4	0.984	18.78	422.7
	地上	0.974	18.40	419.8	0.977	17.50	415.9
	地下	0.915	9.97	360.9	0.935	8.71	348.9
	树干	0.971	16.15	407.2	0.972	15.95	407.0
	树枝	0.930	4.22	278.5	0.949	3.63	264.8
	树叶	0.869	1.30	165.7	0.895	1.17	155.8
	树冠	0.935	4.96	293.8	0.955	4.11	276.8
色木	总量	0.974	25.20	431.4	0.994	12.27	366.1
	地上	0.984	14.39	379.8	0.992	10.26	349.6
	地下	0.891	14.42	380.0	0.966	8.10	327.9
	树干	0.985	10.84	353.8	0.990	8.72	334.6
	树枝	0.935	5.68	294.3	0.957	4.64	276.7
	树叶	0.916	0.94	129.2	0.925	0.89	124.7
	树冠	0.940	6.23	302.8	0.960	5.07	284.8

表 6-3 给出了东北林区 4 个人工林树种总量及各分项生物量两种非线性生物量模型的拟合统计量。结果表明，仅人工落叶松总量、人工杨树地上和树叶生物量 $W=a \cdot (D^2 \cdot H)^b$ 模型获得了相等或略大的 R_a^2，略小的 RMSE 和 AIC。其余树种总量及各分项生物量都为 $W=a \cdot D^b \cdot H^c$ 模型获得较大的 R_a^2，较小的 RMSE 和 AIC。对于本研究 4 个人工林树种的 28 个总量及各分项生物量模型，90%的生物量模型 ΔAIC>2，10%的生物量模型|ΔAIC|≤2。总的来说，$W=a \cdot D^b \cdot H^c$ 更适合拟合生物

量，为 4 个人工林树种总量和各分项生物量最优模型（表 6-3）。

以上用 R_a^2、RMSE 和 AIC 三个指标进行东北林区各树种最优二元生物量模型的选取，为之后构建各树种可加性生物量模型奠定了一定的基础。为了使建立的生物量模型更适合应用于东北林区各树种生物量估算，本研究将采用一元生物量模型 $W=a \cdot D^b$ 和二元生物量模型 $W=a \cdot D^b \cdot H^c$ 分别建立东北林区各树种总量及各分项一元和二元可加性生物量模型。

表 6-3 东北地区 4 个人工林树种总量及各分项生物量两种非线性生物量模型拟合统计量

树种	各分量	$W=a \cdot (D^2 \cdot H)^b$			$W=a \cdot D^b \cdot H^c$		
		R_a^2	RMSE	AIC	R_a^2	RMSE	AIC
人工红松	总量	0.941	21.48	723.4	0.974	14.15	737.3
	地上	0.946	15.69	754.9	0.970	11.74	703.6
	地下	0.820	9.51	664.9	0.887	7.52	623.4
	树干	0.953	9.10	656.9	0.957	8.70	649.8
	树枝	0.819	8.29	640.1	0.892	6.40	594.4
	树叶	0.815	3.41	480.2	0.891	2.63	434.1
	树冠	0.830	11.22	694.6	0.904	8.42	643.9
人工落叶松	总量	0.985	19.27	791.9	0.985	19.37	793.8
	地上	0.980	17.40	773.5	0.981	16.84	768.6
	地下	0.955	8.00	633.6	0.973	6.13	586.7
	树干	0.971	19.22	791.5	0.976	17.55	776.1
	树枝	0.775	4.27	520.8	0.876	3.17	468.2
	树叶	0.746	0.90	240.4	0.784	0.83	226.8
	树冠	0.795	4.80	541.6	0.889	3.53	487.6
人工樟子松	总量	0.977	20.43	759.7	0.988	14.54	701.2
	地上	0.975	18.47	740.9	0.985	14.15	696.6
	地下	0.943	4.22	490.1	0.963	3.44	456.0
	树干	0.978	13.53	688.1	0.980	12.92	681.1
	树枝	0.908	5.61	538.4	0.970	3.20	444.1
	树叶	0.845	3.62	463.8	0.944	2.18	379.0
	树冠	0.903	8.52	609.5	0.978	4.02	482.9
人工杨树	总量	0.987	3.50	190.9	0.988	3.41	190.1
	地上	0.984	3.07	181.8	0.983	3.11	183.6
	地下	0.969	1.28	120.6	0.978	1.09	110.1
	树干	0.989	1.92	149.0	0.992	1.69	140.7
	树枝	0.795	2.30	161.6	0.843	2.01	153.1
	树叶	0.871	0.44	46.5	0.868	0.45	48.1
	树冠	0.831	2.56	169.2	0.864	2.29	162.3

6.3.2 东北林区主要树种生物量模型误差结构分析

利用东北林区 17 个树种生物量实测数据,进行一元和二元生物量模型误差结构的确定。二元生物量模型 $W=a \cdot D^b \cdot H^c$ 的对数转换回归 AIC 值和非线性回归 AIC 值的计算过程与一元生物量模型 $W=a \cdot D^b$ 类似,有一点需要注意,在利用式(3-8)计算 AIC 值时,$W=a \cdot D^b \cdot H^c$ 所对应的 k 值为 4(a, b, c 和 σ^2)。

本研究分别用假设误差结构为相加型和假设误差结构为相乘型的异速生长方程 $W=a \cdot D^b$ 和 $W=a \cdot D^b \cdot H^c$ 来拟合各树种总量及各分项生物量数据,获取了非线性模型的 $AICc_{norm}$ 和对数转换线性模型的 $AICc_{ln}$。然后,用 $\Delta AICc$($AICc_{norm}$-$AICc_{ln}$)来表示这两种模型 AICc 值的不同。表 6-4 给出了各树种两个生物量模型似然分析法统计结果。结果表明,仅山杨地下生物量异速生长方程的 $\Delta AICc$ 小于 -2,其余各树种生物量模型的 $\Delta AICc$ 都大于 0。似然分析法显示,绝大多数两个异速生长方程的 LR 模型获得较小的 AICc,$\Delta AICc$ 值大于 2(表 6-4)。因此,至少对于本数据,可以认为各树种总量和各分项生物量模型的误差结构是相乘型的,对数转换线性回归更适合被用来拟合生物量数据。

表 6-4 东北林区各主要树种生物量模型误差结构似然分析统计信息($\Delta AICc$)

树种	N	模型类型	总生物量	地上生物量	地下生物量	树干生物量	树枝生物量	树叶生物量	树冠生物量
红松	41	$W=a \cdot D^b$	86.23	49.14	97.28	57.30	22.47	14.44	13.73
		$W=a \cdot D^b \cdot H^c$	71.84	40.60	88.78	44.83	44.33	27.54	37.31
臭冷杉	60	$W=a \cdot D^b$	2.57	27.98	24.79	31.69	15.87	9.38	17.41
		$W=a \cdot D^b \cdot H^c$	0.46	13.43	16.77	23.99	13.77	4.84	17.15
红皮云杉	53	$W=a \cdot D^b$	29.84	46.09	28.76	44.00	36.30	41.79	26.64
		$W=a \cdot D^b \cdot H^c$	15.90	26.03	28.89	27.42	44.53	45.09	35.71
落叶松	122	$W=a \cdot D^b$	113.08	85.76	141.68	80.99	93.66	13.87	70.14
		$W=a \cdot D^b \cdot H^c$	122.89	110.19	133.29	123.42	90.96	16.44	73.00
柞树	64	$W=a \cdot D^b$	45.56	47.75	13.11	65.23	65.99	44.76	65.21
		$W=a \cdot D^b \cdot H^c$	10.90	8.93	17.80	51.15	65.81	45.03	64.61
山杨	54	$W=a \cdot D^b$	26.38	25.91	−24.56	23.22	36.16	20.86	41.83
		$W=a \cdot D^b \cdot H^c$	23.86	30.95	−17.17	29.93	37.04	18.52	43.35
椴树	38	$W=a \cdot D^b$	14.45	25.24	1.48	31.33	52.93	10.54	52.85
		$W=a \cdot D^b \cdot H^c$	2.19	12.64	0.96	20.75	52.48	11.38	51.90
白桦	98	$W=a \cdot D^b$	108.19	120.54	85.77	110.63	176.54	86.63	176.47
		$W=a \cdot D^b \cdot H^c$	98.58	108.08	85.77	93.82	179.22	86.13	179.03
水曲柳	42	$W=a \cdot D^b$	0.61	2.35	11.78	6.23	7.24	22.23	19.68
		$W=a \cdot D^b \cdot H^c$	18.48	18.41	17.61	23.94	8.08	22.04	21.60

续表

树种	N	模型类型	总生物量	地上生物量	地下生物量	树干生物量	树枝生物量	树叶生物量	树冠生物量
胡桃楸	30	$W=a \cdot D^b$	40.87	43.69	20.73	39.72	15.08	4.05	17.71
		$W=a \cdot D^b \cdot H^c$	25.30	21.89	25.39	15.63	15.76	4.16	19.16
黑桦	52	$W=a \cdot D^b$	81.99	78.22	71.57	70.29	89.53	21.54	69.54
		$W=a \cdot D^b \cdot H^c$	63.49	54.37	69.6	31.66	87.12	22.98	68.35
榆树	48	$W=a \cdot D^b$	47.57	63.30	27.69	61.75	26.83	27.98	29.02
		$W=a \cdot D^b \cdot H^c$	33.41	54.93	27.57	58.05	29.60	29.51	32.45
色木	46	$W=a \cdot D^b$	24.82	58.63	3.59	64.18	19.97	23.24	25.47
		$W=a \cdot D^b \cdot H^c$	3.47	27.00	0.66	41.04	20.60	21.04	25.38
人工红松	90	$W=a \cdot D^b$	14.54	29.90	22.61	20.95	79.70	40.56	68.00
		$W=a \cdot D^b \cdot H^c$	11.77	25.74	22.65	13.84	81.59	41.65	70.63
人工落叶松	90	$W=a \cdot D^b$	36.45	44.54	7.84	41.26	40.10	4.08	37.28
		$W=a \cdot D^b \cdot H^c$	37.90	52.86	10.12	55.32	43.01	3.77	38.86
人工樟子松	85	$W=a \cdot D^b$	19.42	16.08	30.05	11.99	69.39	73.90	61.74
		$W=a \cdot D^b \cdot H^c$	35.62	43.21	27.62	39.85	68.71	67.93	55.01
人工杨树	36	$W=a \cdot D^b$	13.58	22.12	5.60	12.47	45.64	27.29	46.35
		$W=a \cdot D^b \cdot H^c$	17.54	29.23	4.14	6.43	43.31	27.23	45.01

6.3.3 东北林区主要树种生物量模型

对于本研究来说，各树种总量和各分项生物量模型的误差结构都是相乘型的，基于异速生长方程 $W=a \cdot D^b$ 和 $W=a \cdot D^b \cdot H^c$ 的对数转换的可加性模型系统[式（6-4）和式（6-6）]应该被用来拟合生物量数据。为了清楚地进行描述，以下将东北林区 17 个树种只含有胸径变量的可加性生物量模型命名为一元可加性生物量模型，将含有胸径和树高的可加性生物量模型命名为二元可加性生物量模型。

6.3.3.1 天然针叶树种生物量模型

表 6-5 给出了 4 个天然针叶树种一元和二元可加性生物量模型参数估计值。和预期的一样，各树种 4 个分项生物量之间（即地下、树干、树枝和树叶）存在不同程度的变异。所建立的一元可加性生物量模型中，地下和树干生物量模型的斜率参数 b_r^* 和 b_s^* 最为稳定，其变化范围分别为 2.6932~2.7610 和 2.2358~2.7284，平均值分别为 2.7332 和 2.5394。树枝和树叶生物量模型的斜率参数 b_b^* 和 b_f^* 最不稳定，其变化范围分别为 2.0066~2.5139 和 1.5583~2.0713，平均值分别为 2.2601 和 1.8720。同样，所建立的二元可加性生物量模型中，地下和树干生物量模型的

斜率参数 b_r^* 和 b_s^* 也最为稳定,其变化范围分别为 2.6598~2.9132 和 1.8538~2.1572,平均值分别为 2.8162 和 1.9879,最不稳定的斜率参数也出现在树枝和树叶生物量模型中。而模型参数 c_r^*、c_s^*、c_b^* 和 c_f^* 相对较小,且变异较大。

东北林区 4 个针叶树种对数转换的可加性生物量模型系统的拟合优度见表 6-5。由表 6-5 可知,所建立的 4 个天然针叶树种一元可加性生物量模型中总量及各分项生物量模型的调整后确定系数(R_a^2)均在 0.85 以上,均方根误差(RMSE)都较小。总量、地上和树干生物量模型拟合效果更好,其 R_a^2 都大于 0.95,RMSE 都小于 0.20,而绝大多数地下、树枝、树叶和树冠生物量模型有着相对较小的 R_a^2 和较大的 RMSE。在这 4 个天然针叶树种中,所建立的红皮云杉一元可加性生物量模型拟合效果略好于其他三个树种。对于二元可加性生物量模型来说,所有生物量模型的 R_a^2 都大于 0.86,RMSE 小于 0.35。与一元可加性生物量模型一样,总量、地上和树干生物量模型拟合效果更好,而地下、树枝、树叶和树冠生物量模型有着相对较小的 R_a^2 和较大的 RMSE。从表 6-5 可以看出,绝大多数总量、地上和树干二元可加性生物量模型的 R_a^2 和 RMSE 都优于一元可加性生物量模型,其优化的百分比分别为 0.4%~1.1%(R_a^2)和 9.1%~22.2%(RMSE),0.3%~1.6% 和 20.0%~27.8%,0.1%~2.4% 和 26.8%~33.3%。添加树高进入生物量模型可以优化绝大多数地下、树枝、树叶和树冠生物量模型的 R_a^2 和 RMSE,但优化的百分比不超过 2.0% 和 20.0%。

表 6-5 天然针叶树种对数转换的可加性生物量模型系统参数估计值和拟合优度

树种	各分量	一元可加性生物量模型				二元可加性生物量模型				
		a_i^*	b_i^*	R_a^2	RMSE	a_i^*	b_i^*	c_i^*	R_a^2	RMSE
红松	总量	—	—	0.989	0.15	—	—	—	0.988	0.16
	地上	—	—	0.983	0.18	—	—	—	0.982	0.18
	地下	-4.7559	2.7462	0.969	0.30	-4.7202	2.7794	-0.0536	0.969	0.30
	树干	-2.2319	2.2358	0.982	0.19	-2.5377	2.0568	0.3135	0.983	0.19
	树枝	-3.3911	2.0066	0.940	0.34	-2.8705	2.349	-0.5806	0.941	0.33
	树叶	-2.6995	1.5583	0.903	0.35	-1.2867	2.4088	-1.4824	0.917	0.32
	树冠	—	—	0.942	0.31	—	—	—	0.945	0.30
臭冷杉	总量	—	—	0.979	0.14	—	—	—	0.983	0.12
	地上	—	—	0.979	0.14	—	—	—	0.987	0.11
	地下	-4.5526	2.6932	0.911	0.31	-4.302	2.9132	-0.3292	0.908	0.31
	树干	-3.2241	2.6137	0.968	0.18	-3.8372	1.8538	1.0151	0.982	0.13
	树枝	-4.1377	2.3272	0.950	0.21	-4.0066	2.7102	-0.4533	0.953	0.20
	树叶	-4.173	2.0713	0.961	0.16	-4.3435	1.8233	0.3289	0.961	0.16
	树冠	—	—	0.974	0.14	—	—	—	0.974	0.14

续表

树种	各分量	一元可加性生物量模型				二元可加性生物量模型				
		a_i^*	b_i^*	R_a^2	RMSE	a_i^*	b_i^*	c_i^*	R_a^2	RMSE
红皮云杉	总量	—	—	0.991	0.11	—	—	—	0.992	0.10
	地上	—	—	0.991	0.10	—	—	—	0.994	0.08
	地下	-4.5348	2.7325	0.959	0.23	-4.4414	2.9125	-0.2394	0.957	0.24
	树干	-3.624	2.7284	0.985	0.14	-3.6515	2.1572	0.6269	0.992	0.10
	树枝	-3.7168	2.1926	0.920	0.28	-3.777	2.8199	-0.6586	0.937	0.25
	树叶	-3.5764	1.9801	0.921	0.26	-3.6374	2.6167	-0.6677	0.934	0.24
	树冠	—	—	0.952	0.21	—	—	—	0.966	0.17
落叶松	总量	—	—	0.97	0.18	—	—	—	0.981	0.14
	地上	—	—	0.969	0.18	—	—	—	0.984	0.13
	地下	-4.2973	2.7610	0.906	0.35	-4.7142	2.6598	0.2533	0.906	0.35
	树干	-2.8701	2.5798	0.959	0.21	-4.1370	1.8838	1.1768	0.982	0.14
	树枝	-4.9082	2.5139	0.913	0.31	-4.5242	2.69	-0.3208	0.913	0.31
	树叶	-4.2379	1.8784	0.856	0.32	-3.5144	2.1924	-0.5867	0.865	0.31
	树冠	—	—	0.934	0.25	—	—	—	0.934	0.25

之后，我们用 5 个指标评价 4 个天然针叶树种对数转换的可加性生物量模型。表 6-6 给出了模型检验统计量。在这 5 个指标中，MPE 和 MPE%分别代表平均预测误差及其百分比，MAE 和 MAE%分别代表预测误差及其百分比，P%反映了平均生物量估计值的精度指标。所建立的天然红松一元可加性生物量中，树叶生物量模型会略高估其生物量（MPE>0 和 MPE%>0），其余模型都是低估其生物量。所有生物量模型的平均预测误差百分比 MPE%都为-8%~8%；绝大多数生物量模型的平均绝对误差百分比 MAE%在 30%以内，只有树叶生物量模型的 MAE%略高于 30%，其中总量、地上和树干生物量模型的 MAE%小于 15%，而树枝、树叶、树冠和地下生物量模型的平均绝对误差百分比较大，都在 25%以上。总的来说，天然红松总量及各分项一元可加性生物模型拟合效果较好。对于天然红松二元可加性生物量模型来说，所有模型的平均预测误差百分比 MPE%在±10%内；所有生物量模型的平均绝对误差百分比在 30%以内，其中总量、地上和树干生物量模型的平均绝对误差百分比较小，地下、树枝、树叶和树冠生物量模型的平均绝对误差百分比较大；在所建立的一元、二元可加性生物量模型中，总量、地上和树干生物量模型的预测精度 P%相对较大，地下、树枝、树叶和树冠生物量模型的预测精度相对较小，但也都在 75%以上。

对于天然臭冷杉一元可加性生物量模型来说，总量及各分项生物量模型都会低估其生物量。所有生物量模型的平均预测误差百分比为-4%~4%；所有生物量模型的 MAE%在 30%以内，地下生物量模型 MAE%较大，在 20%以上。对于天然臭冷杉二元可加性生物量模型来说，所有生物量模型的平均预测误差百分比 MPE%在±6%内；所有模型的平均绝对误差百分比在 25%以内，其中总量、地上和树干生物量模型的平均绝对误差百分比较小，地下、树枝、树叶和树冠生物量模型的平均绝对误差百分比较大；在所建立的一元、二元可加性生物量模型中，总量、地上、树干、树叶和树冠生物量模型的预测精度 P%相对较大，都在 95%以上，地下和树枝生物量模型的预测精度相对较小，但也都在 92%以上。

对于红皮云杉来说，一元可加性生物量中的树枝生物量模型会高估其生物量，其余模型都会低估生物量。所有生物量模型的平均预测误差百分比在±5%内；所有模型的平均绝对误差百分比都小于 25%，其中总量、地上和树干生物量模型的平均绝对误差百分比较小，在 12%以内，地下、树叶、树枝和树冠生物量模型的平均绝对误差百分比较大。对于天然红皮云杉二元可加性生物量模型来说，所有模型的平均预测误差百分比在±6%内；所有生物量模型的平均绝对误差百分比在 24%以内，其中总量、地上和树干生物量模型的平均绝对误差百分比较小，地下、树枝、树叶和树冠生物量模型的平均绝对误差百分比较大；在所建立的一元、二元可加性生物量模型中，总量、地上和树干生物量模型的预测精度 P%相对较大，都在 95%以上，而地下、树枝、树叶和树冠生物量模型的预测精度相对较小，但也都在 90%以上。

对于落叶松一元可加性生物量模型来说，总量、地上、树干和树枝生物量会高估其生物量，其余模型都会低估其生物量。与其他树种一样，所有生物量模型的平均预测误差百分比都在±5%内；所有生物量模型的平均绝对误差百分比都在 28%以内，其中总量、地上和树干生物量模型的平均绝对误差百分比较小，在 15%左右，而地下、树枝、树叶和树冠生物量模型的平均绝对误差百分比较大，都在 20%以上。对于二元可加性生物量模型来说，所有模型的平均预测误差百分比在±4%内；所有生物量模型的平均绝对误差百分比在 28%以内，其中总量、地上和树干生物量模型的平均绝对误差百分比较小，地下、树枝、树叶和树冠生物量模型的平均绝对误差百分比较大；所建立的一元、二元可加性生物量模型中，总量、地上和树干生物量模型的预测精度 P%相对较大，都在 93%以上，而地下、树枝、树叶和树冠生物量模型的预测精度相对较小，但也都在 88%以上。

从表 6-6 可以看出，绝大多数总量及各分项二元可加性生物量模型的评价优于一元可加性生物量模型。这说明添加树高进入生物量模型，不仅能提高模型的拟合效果，也能提高模型的预测精度。总的来说，本研究利用式（6-4）和式（6-6）所建立的东北林区 4 个天然针叶树种总量、地上和树干生物量模型的预测精度较好，地下树枝、树叶和树冠生物量模型的预测精度较差。所建立的立木生物量模型曲线与各样本点之间具有较好的切合程度,所建立的可加性生物量模型能很好地对各树种生物量进行估计。

表 6-6 天然针叶树种对数转换的可加性生物量模型检验结果

树种	各分量	一元可加性生物量模型					二元可加性生物量模型				
		MPE	MPE%	MAE	MAE%	$P\%$	MPE	MPE%	MAE	MAE%	$P\%$
红松	总量	−28.86	−5.85	72.21	12.60	89.42	−26.27	−5.32	72.47	12.85	89.56
	地上	−16.15	−4.93	52.16	14.94	89.40	−14.58	−4.46	53.21	15.33	89.46
	地下	−12.72	−7.65	27.90	25.70	88.19	−11.68	−7.03	27.59	26.07	88.45
	树干	−14.80	−5.34	40.52	14.76	90.04	−12.71	−4.59	41.20	14.51	90.06
	树枝	−1.74	−4.80	11.78	29.37	79.32	−2.14	−5.89	12.01	29.40	77.31
	树叶	0.40	2.84	2.82	30.46	90.46	0.27	1.93	2.85	29.41	88.82
	树冠	−1.34	−2.67	13.21	26.57	83.51	−1.87	−3.72	13.17	25.94	81.49
臭冷杉	总量	2.19	1.43	11.77	10.95	96.94	5.51	3.59	12.36	9.52	96.64
	地上	1.00	0.84	11.01	11.97	96.17	3.64	3.04	9.49	9.56	96.54
	地下	1.19	3.53	6.21	23.69	92.06	1.87	5.54	5.97	23.41	92.35
	树干	0.59	0.62	11.22	15.38	95.04	3.47	3.60	9.77	11.51	95.39
	树枝	0.25	1.52	2.10	16.98	94.45	0.10	0.63	2.20	16.59	94.02
	树叶	0.16	2.32	0.79	13.25	95.71	0.07	0.94	0.74	13.18	95.83
	树冠	0.41	1.77	2.18	11.58	96.06	0.17	0.73	2.27	11.55	95.82
红皮云杉	总量	1.10	0.64	12.44	8.36	96.89	1.86	1.09	10.43	7.63	97.41
	地上	0.95	0.73	9.73	8.06	96.69	0.24	0.18	7.42	7.04	97.59
	地下	0.15	0.37	5.97	19.11	93.68	1.62	3.91	6.54	20.00	93.31
	树干	0.63	0.61	10.23	11.23	95.35	−0.34	−0.33	6.51	8.93	97.13
	树枝	−0.17	−0.98	3.15	24.87	91.86	−0.02	−0.10	3.31	23.47	91.44
	树叶	0.49	4.58	2.08	21.96	91.29	0.59	5.53	2.08	20.38	91.32
	树冠	0.32	1.16	3.78	17.34	94.07	0.57	2.08	3.59	15.30	94.16
落叶松	总量	−1.88	−1.24	19.01	14.29	93.51	0.20	0.13	15.00	11.63	95.40
	地上	−2.72	−2.49	13.39	15.02	94.06	−0.59	−0.54	9.37	10.36	95.71
	地下	0.84	1.99	9.97	26.58	88.19	0.80	1.88	10.16	26.92	88.05
	树干	−2.82	−2.95	13.21	17.45	93.25	−0.60	−0.62	9.23	11.43	94.90
	树枝	−0.04	−0.39	1.86	26.73	91.92	−0.12	−1.10	1.93	27.44	91.15
	树叶	0.14	4.55	0.62	27.10	92.17	0.12	3.73	0.64	27.62	91.93
	树冠	0.10	0.76	2.03	21.01	93.42	0.00	0.02	2.08	21.52	92.70

6.3.3.2 天然阔叶树种生物量模型

表 6-7 给出了东北林区 9 个天然阔叶树种一元、二元可加性生物量模型系统参数估计值和拟合优度。对于一元可加性生物量模型来说,树干生物量模型的斜

率参数 b_s^* 最为稳定，其变化范围为 2.3450~2.7104，平均值为 2.4856。树枝生物量模型的斜率参数 b_b^* 最不稳定，其变化范围为 2.0328~3.5220，平均值为 2.8165。在所建立的二元可加性生物量模型中，树干生物量模型的斜率参数 b_s^* 也最为稳定，其变化范围为 1.6698~2.1479，平均值为 1.9549，最不稳定的斜率参数出现在树枝和树叶生物量模型中。而模型参数 c_r^*、c_s^*、c_b^* 和 c_f^* 相对较小，且变异较大。

表 6-7 天然阔叶树种对数转换的可加性生物量模型系统参数估计值和拟合优度

树种	各分量	一元可加性生物量模型				二元可加性生物量模型				
		a_i^*	b_i^*	R_a^2	RMSE	a_i^*	b_i^*	c_i^*	R_a^2	RMSE
柞树	总量	—	—	0.988	0.14	—	—	—	0.992	0.12
	地上	—	—	0.984	0.17	—	—	—	0.992	0.12
	地下	−3.0409	2.2943	0.911	0.37	−2.2769	2.7902	−0.872	0.920	0.35
	树干	−2.5856	2.4856	0.978	0.19	−3.3083	1.9517	0.8772	0.990	0.13
	树枝	−6.997	3.5220	0.971	0.29	−7.3705	3.2304	0.4672	0.971	0.29
	树叶	−5.146	2.3185	0.945	0.28	−5.0176	2.3873	−0.126	0.945	0.28
	树冠	—	—	0.973	0.26	—	—	—	0.972	0.26
山杨	总量	—	—	0.978	0.14	—	—	—	0.983	0.12
	地上	—	—	0.972	0.16	—	—	—	0.981	0.13
	地下	−3.969	2.4020	0.934	0.23	−2.8210	2.4595	−0.4421	0.935	0.23
	树干	−2.2319	2.3450	0.967	0.17	−3.6391	1.9797	0.8518	0.982	0.13
	树枝	−6.7768	3.2079	0.936	0.30	−6.2843	3.4203	−0.4056	0.940	0.29
	树叶	−6.4023	2.5459	0.953	0.22	−5.8296	2.6883	−0.3396	0.953	0.22
	树冠	—	—	0.955	0.25	—	—	—	0.958	0.24
椴树	总量	—	—	0.986	0.13	—	—	—	0.989	0.12
	地上	—	—	0.982	0.16	—	—	—	0.986	0.14
	地下	−2.5521	1.9964	0.959	0.19	−2.5524	1.9466	0.0465	0.958	0.19
	树干	−3.2077	2.6150	0.976	0.19	−3.9880	2.1312	0.8092	0.982	0.16
	树枝	−5.0391	2.5667	0.969	0.21	−5.1050	2.6289	−0.0366	0.967	0.21
	树叶	−4.6863	1.9161	0.908	0.31	−4.1692	2.2484	−0.5485	0.913	0.30
	树冠	—	—	0.975	0.18	—	—	—	0.974	0.18
白桦	总量	—	—	0.987	0.14	—	—	—	0.991	0.11
	地上	—	—	0.984	0.15	—	—	—	0.991	0.12
	地下	−2.9527	2.2634	0.936	0.29	−3.1235	2.3259	−0.0046	0.938	0.29
	树干	−2.3549	2.4096	0.977	0.18	−3.5897	1.9148	0.9454	0.989	0.12
	树枝	−5.7625	3.0656	0.975	0.23	−5.3152	3.1561	−0.2616	0.977	0.22
	树叶	−5.9711	2.5871	0.959	0.26	−5.8035	2.5915	−0.0674	0.959	0.26
	树冠	—	—	0.981	0.19	—	—	—	0.982	0.19

续表

树种	各分量	一元可加性生物量模型				二元可加性生物量模型				
		a^*_i	b^*_i	R_a^2	RMSE	a^*_i	b^*_i	c^*_i	R_a^2	RMSE
水曲柳	总量	—	—	0.948	0.28	—	—	—	0.981	0.17
	地上	—	—	0.948	0.28	—	—	—	0.984	0.15
	地下	−4.6491	2.7908	0.904	0.39	−4.8811	2.2517	0.6526	0.923	0.35
	树干	−2.8496	2.5406	0.928	0.33	−4.6537	1.6698	1.5771	0.977	0.18
	树枝	−5.5012	2.9299	0.969	0.24	−6.0386	2.7164	0.4069	0.972	0.23
	树叶	−5.2438	2.3450	0.959	0.21	−5.1701	2.3442	−0.0289	0.958	0.21
	树冠	—	—	0.980	0.18	—	—	—	0.982	0.18
胡桃楸	总量	—	—	0.989	0.12	—	—	—	0.991	0.11
	地上	—	—	0.986	0.14	—	—	—	0.993	0.10
	地下	−2.4058	1.9782	0.892	0.33	−1.6058	2.7299	−1.0821	0.918	0.29
	树干	−3.4542	2.7104	0.973	0.20	−4.0182	2.0221	0.9223	0.988	0.13
	树枝	−4.0735	2.4477	0.959	0.24	−3.8110	2.8496	−0.5048	0.961	0.23
	树叶	−5.0456	2.2577	0.955	0.22	−4.8982	2.3763	−0.1856	0.956	0.22
	树冠	—	—	0.976	0.18	—	—	—	0.977	0.17
黑桦	总量	—	—	0.982	0.18	—	—	—	0.988	0.14
	地上	—	—	0.982	0.19	—	—	—	0.991	0.13
	地下	−2.7752	2.0933	0.944	0.28	−2.8080	2.2328	−0.1332	0.944	0.28
	树干	−2.6186	2.4466	0.974	0.21	−3.2372	1.8263	0.9058	0.990	0.14
	树枝	−6.5304	3.3016	0.969	0.30	−6.3939	3.3972	−0.1603	0.970	0.30
	树叶	−5.1418	2.2933	0.960	0.25	−4.8712	2.5839	−0.4159	0.962	0.24
	树冠	—	—	0.972	0.27	—	—	—	0.972	0.26
榆树	总量	—	—	0.983	0.14	—	—	—	0.985	0.13
	地上	—	—	0.983	0.14	—	—	—	0.987	0.13
	地下	−2.7688	2.1452	0.937	0.26	−2.5936	2.2420	−0.1701	0.937	0.26
	树干	−2.6707	2.4413	0.978	0.17	−3.3794	1.9513	0.8040	0.985	0.14
	树枝	−3.0159	2.0328	0.959	0.20	−2.6854	2.2875	−0.4045	0.961	0.19
	树叶	−3.4241	1.7038	0.923	0.23	−3.2068	1.9190	−0.3213	0.925	0.23
	树冠	—	—	0.966	0.17	—	—	—	0.968	0.17
色木	总量	—	—	0.989	0.11	—	—	—	0.988	0.11
	地上	—	—	0.990	0.10	—	—	—	0.992	0.09
	地下	−3.4915	2.469	0.910	0.33	−2.8600	2.6397	−0.4202	0.915	0.32
	树干	−2.2812	2.3766	0.989	0.11	−2.8624	2.1479	0.4732	0.993	0.09
	树枝	−3.3225	2.2742	0.954	0.23	−3.0667	2.4960	−0.3514	0.956	0.22
	树叶	−3.3137	1.7074	0.943	0.19	−3.5517	1.6754	0.1229	0.944	0.19
	树冠	—	—	0.964	0.19	—	—	—	0.965	0.19

注：—表示没有值

由表6-7可知，所建立的9个天然阔叶树种一元可加性生物量模型的R_a^2都大于0.89，均方根误差RMSE都较小。绝大多数树种总量、地上和树干生物量模型拟合效果更好，其R_a^2大于0.95，RMSE都小于0.20，而绝大多数树种地下、树枝、树叶和树冠生物量模型有着相对较小的R_a^2，以及较大的RMSE。在这9个天然阔叶树种中，白桦可加性生物量模型拟合效果略好于其他8个树种。对于二元可加性生物量模型来说，所有生物量模型的R_a^2都大于0.91，RMSE小于0.35。与一元可加性生物量模型一样，总量、地上和树干生物量模型拟合效果更好，而地下、树枝、树叶和树冠生物量模型有着相对较小的R_a^2和较大的RMSE。从表6-7可以看出，绝大多数总量及各分项二元可加性生物量模型的R_a^2和RMSE都优于一元可加性生物量模型。总的来看，对于这9个天然阔叶树种，增加树高作为变量能显著优化总量、地上和树干生物量模型的R_a^2和RMSE，其优化的百分比分别为1.4%~11.9%（R_a^2）和6.4%~39.6%（RMSE），1.9%~12.9%和8.7%~45.0%，4.2%~15.0%和12.4%~43.9%。二元可加性生物量模型可以优化绝大多数地下、树枝、树叶和树冠生物量模型的R_a^2和RMSE，但其优化R_a^2和RMSE的百分比分别低于2.0%和10.0%。

东北林区9个天然阔叶树种两个生物量模型系统检验结果见表6-8。所建立的一元可加性生物量模型中，绝大多数总量、地上和树干生物量模型略高估其生物量，绝大多数地下、树枝、树叶和树冠生物量模型略低估其生物量。所有树种总量及各分项生物量模型的平均预测误差百分比在-9%~9%，其中总量、地上和树干生物量模型的平均预测误差百分比较小，绝大多数在-2%~2%，地下、树枝、树叶和树冠生物量模型的平均预测误差百分比较大；所建立的绝大多数树种总量及各分项生物量模型的平均绝对误差百分比MAE%在30%以内，其中总量、地上和树干生物量模型的平均绝对误差百分比较小，地下、树叶、树枝和树冠生物量模型的平均绝对误差百分比较大。

对于二元可加性生物量模型来说，绝大多数总量及各分项生物量模型低估其生物量。所有树种总量及各分项生物量模型的平均预测误差百分比在-9%~9%，其中总量、地上和树干生物量模型的平均预测误差百分比较小，地下、树枝、树叶和树冠生物量模型的平均预测误差百分比较大；所建立的绝大多数树种总量及各分项生物量模型的平均绝对误差百分比MAE%在30%以内，只有水曲柳地下生物量模型的平均绝对误差百分比大于30%，其中总量、地上和树干生物量模型的平均绝对误差百分比较小，地下、树叶、树枝和树冠生物量模型的平均绝对误差百分比较大；所建立的9个天然阔叶树种一元、二元可加性生物量模型中，总量、地上和树干生物量模型的预测精度P%相对较大，都在89%以上，而地下、树枝、树叶和树冠生物量模型的预测精度相对较小，但也都在84%以上。与4个天然针叶树种一样,添加树高进入生物量模型能提高绝大多数树种的生物量模型预测能力,但对于一些树种的生物量模型预测能力没有明显的提高,如柞树、山杨和椴树。总的来说,本研究所建立的东北林区 9 个天然阔叶树种总量、地上和树干生物量模型的预测精度较好,树枝、树叶、树冠和树根生物量模型的预测精度较差。所建立的立木生物量模型曲线与各样本点之间具有较好的切合程度,所建立的可加性生物量模型能很好地对各树种生物量进行估计。

表 6-8 天然阔叶树种对数转换的可加性生物量模型检验结果

树种	各分量	一元可加性生物量模型					二元可加性生物量模型				
		MPE	MPE%	MAE	MAE%	P%	MPE	MPE%	MAE	MAE%	P%
柞树	总量	−3.74	−1.71	20.28	10.78	95.96	−0.94	−0.43	12.92	8.61	97.63
	地上	−3.63	−2.09	19.39	13.03	95.00	−3.04	−1.74	12.13	9.17	97.14
	地下	−0.10	−0.24	6.59	32.09	94.49	2.10	4.79	8.20	29.71	93.03
	树干	−0.71	−0.56	17.26	15.83	94.46	−0.96	−0.75	8.71	9.29	96.84
	树枝	−3.22	−7.81	7.80	23.06	91.77	−2.37	−5.74	6.99	22.92	93.02
	树叶	0.29	4.86	1.07	23.20	92.15	0.29	4.70	1.09	23.54	92.06
	树冠	−2.92	−6.18	7.75	20.82	93.26	−2.08	−4.40	7.00	20.96	94.20
山杨	总量	2.33	1.26	18.00	11.10	96.21	3.93	2.12	14.81	9.75	96.72
	地上	1.13	0.72	16.83	13.10	95.74	2.93	1.87	13.54	10.39	96.30
	地下	1.20	4.18	3.25	17.34	95.85	1.00	3.49	3.75	19.49	95.33
	树干	1.54	1.16	14.99	14.02	95.57	2.37	1.79	10.92	9.91	96.47
	树枝	−0.45	−2.14	3.46	26.02	93.22	0.55	2.63	3.45	23.54	93.01
	树叶	0.04	1.07	0.47	17.34	94.32	0.01	0.36	0.48	17.88	94.19
	树冠	−0.41	−1.64	3.58	20.72	93.74	0.57	2.28	3.60	18.96	93.57
椴树	总量	−2.22	−1.73	11.03	10.31	94.24	2.43	1.90	7.11	8.00	97.29
	地上	−2.45	−2.38	10.91	11.80	92.51	1.56	1.52	7.46	9.33	96.33
	地下	0.23	0.89	2.56	14.13	95.36	0.87	3.45	2.70	14.30	94.82
	树干	−2.78	−3.16	11.55	14.38	90.64	1.71	1.95	8.05	11.47	95.29
	树枝	0.17	1.36	1.95	18.09	90.91	−0.22	−1.78	2.03	19.17	91.10
	树叶	0.16	6.40	0.49	24.00	89.77	0.07	2.86	0.58	25.49	86.94
	树冠	0.33	2.20	2.09	14.76	92.47	−0.15	−1.00	2.14	15.91	92.53
白桦	总量	1.51	1.07	13.64	10.85	96.50	1.95	1.38	9.98	9.11	97.73
	地上	−1.02	−0.94	13.92	12.23	94.82	−0.47	−0.43	8.82	8.94	96.88
	地下	2.53	7.89	6.15	24.92	93.40	2.41	7.51	5.81	23.86	93.79
	树干	−0.07	−0.09	12.25	14.29	94.48	−0.33	−0.39	6.90	9.69	97.00
	树枝	−0.89	−4.36	3.21	19.09	93.82	−0.14	−0.70	3.13	18.48	94.15
	树叶	−0.05	−1.39	0.56	20.91	95.28	0.00	0.11	0.56	21.37	95.46
	树冠	−0.95	−3.89	3.49	16.01	94.35	−0.14	−0.58	3.42	15.96	94.68

续表

树种	各分量	一元可加性生物量模型					二元可加性生物量模型				
		MPE	MPE%	MAE	MAE%	P%	MPE	MPE%	MAE	MAE%	P%
水曲柳	总量	6.48	3.14	33.59	22.79	92.84	0.32	0.16	21.92	14.23	95.19
	地上	4.68	2.92	27.95	23.24	92.45	−3.46	−2.15	16.60	12.68	94.94
	地下	1.80	3.94	9.50	33.36	90.99	3.78	8.27	9.35	33.45	90.72
	树干	5.68	4.50	25.88	27.95	91.35	−3.26	−2.58	14.99	15.21	93.95
	树枝	−0.91	−3.23	4.60	21.32	92.64	−0.18	−0.63	3.81	19.88	93.90
	树叶	−0.09	−1.50	0.94	17.79	92.64	−0.01	−0.24	0.95	18.16	92.65
	树冠	−1.00	−2.93	5.04	16.18	93.05	−0.19	−0.56	4.31	15.30	94.15
胡桃楸	总量	−3.18	−1.29	24.02	10.23	93.16	−1.34	−0.54	18.19	8.89	95.15
	地上	−6.25	−3.09	26.42	11.66	91.14	−3.40	−1.68	15.16	8.27	94.75
	地下	3.07	6.84	11.01	32.74	86.48	2.06	4.60	9.02	26.25	86.63
	树干	−6.46	−4.10	26.37	16.52	89.13	−1.21	−0.77	14.29	11.30	94.75
	树枝	0.17	0.45	5.17	19.23	91.47	−2.40	−6.48	6.27	20.03	88.60
	树叶	0.04	0.59	0.94	17.45	93.81	0.21	2.80	0.99	17.58	93.34
	树冠	0.21	0.47	5.20	14.57	92.88	−2.19	−4.92	5.93	14.65	90.65
黑桦	总量	9.31	7.65	17.65	13.59	92.28	7.40	6.08	13.88	11.66	92.86
	地上	7.47	7.54	14.04	13.89	92.89	5.87	5.92	10.42	11.38	93.80
	地下	1.84	8.13	4.95	24.25	87.12	1.54	6.79	4.87	24.07	87.40
	树干	5.90	7.82	11.30	15.58	93.16	3.88	5.14	6.89	11.90	95.81
	树枝	1.27	6.43	3.93	26.82	84.57	1.67	8.45	4.21	26.85	83.39
	树叶	0.30	7.86	0.86	21.45	86.97	0.32	8.29	0.88	21.27	86.84
	树冠	1.57	6.66	4.46	22.75	85.35	1.98	8.43	4.80	22.73	84.32
榆树	总量	1.46	0.88	16.71	10.81	95.36	2.14	1.29	14.13	10.80	96.36
	地上	−0.30	−0.24	14.77	11.53	94.21	0.62	0.48	11.17	10.53	95.65
	地下	1.76	4.58	6.38	21.41	93.01	1.53	3.98	6.52	22.24	92.72
	树干	−0.15	−0.14	13.23	14.44	93.41	0.96	0.93	9.84	11.93	95.15
	树枝	−0.25	−1.24	2.88	16.89	93.85	−0.44	−2.19	3.28	17.02	92.30
	树叶	0.10	1.97	0.87	19.22	92.90	0.10	1.97	0.91	19.86	92.33
	树冠	−0.15	−0.61	3.21	14.21	94.53	−0.34	−1.37	3.68	14.52	93.15
色木	总量	2.33	1.36	9.88	8.05	97.04	2.41	1.41	8.73	7.80	97.32
	地上	−0.88	−0.69	10.59	8.36	95.61	−0.03	−0.03	9.10	7.83	96.59
	地下	3.21	7.60	7.69	25.00	92.09	2.44	5.78	7.93	28.19	92.23
	树干	−1.16	−1.19	9.68	10.16	95.07	−0.51	−0.52	6.73	7.78	96.79
	树枝	0.23	0.89	3.81	19.67	93.77	0.40	1.55	4.21	18.84	92.16
	树叶	0.05	1.09	0.73	16.94	93.94	0.08	1.61	0.74	17.13	93.72
	树冠	0.28	0.92	4.15	16.31	94.21	0.48	1.56	4.57	15.93	92.85

6.3.3.3 人工林树种生物量模型

东北林区 4 个人工林树种一元、二元可加性生物量模型系统参数估计值和拟合优度见表 6-9。所建立的一元可加性生物量模型中，树干生物量模型的斜率参数 b_s^* 最为稳定，其变化范围为 2.3450~2.7104，平均值为 2.4856。树枝生物量模型的斜率参数 b_b^* 最不稳定，其变化范围为 2.0328~3.5220，平均值为 2.8165。所建立的二元可加性生物量模型中，树干生物量模型的斜率参数 b_s^* 也最为稳定，其变化范围为 2.2071~2.8778，平均值为 2.5189，最不稳定的斜率参数出现在树枝和树叶生物量模型中。而模型参数 c_r^*、c_s^*、c_b^* 和 c_f^* 相对较小，且变异较大。

由表 6-9 可知，所建立的 4 个人工林树种一元可加性生物量模型的 R_a^2 都大于 0.82，均方根误差 RMSE 都小于 0.30。绝大多数树种总量、地上和树干生物量模型拟合效果更好，其 R_a^2 大于 0.97，RMSE 都小于 0.15，而绝大多数树种地下、树枝、树叶和树冠生物量模型有着相对较小的 R_a^2 和较大的 RMSE。在这 4 个人工林树种中，人工杨树可加性生物量模型拟合效果略好于其他 3 个树种。对于二元可加性生物量模型来说，所有生物量模型的 R_a^2 都大于 0.82，RMSE 小于 0.30。与一元可加性生物量模型一样，总量、地上和树干生物量模型拟合效果更好，而地下、树枝、树叶和树冠生物量模型有着相对较小的 R_a^2 和较大的 RMSE。由表 6-9 可知，绝大多数总量及各分项二元可加性生物量模型的 R_a^2 和 RMSE 都优于一元可加性生物量模型。总的来看，对于这 4 个人工林树种，增加树高作为变量能显著优化总量、地上和树干生物量模型的 R_a^2 和 RMSE，其优化的百分比分别为 0.2%~2.4%（R_a^2）和 5.5%~43.3%（RMSE），0.3%~3.2%和 7.9%~49.0%，0.9%~4.3%和 18.0%~50.3%。二元可加性生物量模型可以优化绝大多数地下、树枝、树叶和树冠生物量模型的 R_a^2 和 RMSE，但其优化的百分比低于 2.0%和 10.0%。

4 个人工林树种一元、二元可加性生物量模型的"刀切法"检验统计量见表 6-10。对于一元、二元可加性生物量模型来说，所有总量及各分项生物量模型的平均预测误差（MPE 和 MPE%）都接近于 0。绝大多数树种的总量、地上和树干生物量模型平均预测误差百分比相对较小，为-3%~3%，而地下、树枝、树叶和树冠生物量模型的平均预测误差百分比相对较大；所有总量及各分项一元、二元可加性生物量模型的平均绝对误差百分比都在 25%以内，其中总量、地上和树干生物量模型的平均绝对误差百分比较小，基本都小于 15%，地下、树枝、树叶和树冠生物量模型的平均绝对误差百分比较大，基本都在 15%以上；所建立的各人工林树种一元、二元可加性生物量模型中，总量、地上和树干生物量模型的预测精度 P%相对较大，基本都在 95%以上，而地下、树枝、树叶和树冠生物量模型的预测精度相对较小，但也都在 86%以上。与其他树种一样，添加树高进入生物量模型不仅能提高绝大多数树种的生物量模型的拟合效果,也能提高其预测能力,但对于一些生物量模型预测能力没有明显的提高,如人工杨树树枝和树叶生物量模型。总的来说,本研究所建立的东北林区 4 个人工林树种总量、地上和树干生物量模型的预测精度较好,地下树枝、树叶和树冠生物量模型的预测精度较差。所建立的可加性生物量模型能很好地对各树种生物量进行估计。

表 6-9　人工林树种对数转换的可加性生物量模型系统参数估计值和拟合优度

树种	各分量	一元可加性生物量模型				二元可加性生物量模型				
		a^*_i	b^*_i	R_a^2	RMSE	a^*_i	b^*_i	c^*_i	R_a^2	RMSE
人工红松	总量	—	—	0.975	0.12	—	—	—	0.978	0.11
	地上	—	—	0.975	0.12	—	—	—	0.979	0.11
	地下	-3.1761	2.1982	0.875	0.27	-3.3845	2.5051	-0.2765	0.875	0.27
	树干	-2.4288	2.2705	0.957	0.14	-3.0550	1.9871	0.5925	0.971	0.12
	树枝	-6.6390	3.2250	0.935	0.26	-6.2079	3.3818	-0.3696	0.937	0.26
	树叶	-5.2841	2.5952	0.929	0.22	-5.0993	2.6013	-0.0886	0.930	0.21
	树冠			0.942	0.22				0.944	0.22
人工落叶松	总量	—	—	0.966	0.18	—	—	—	0.989	0.10
	地上	—	—	0.958	0.19	—	—	—	0.989	0.10
	地下	-5.3510	2.9914	0.964	0.19	-5.4519	2.6643	0.3755	0.967	0.18
	树干	-3.7797	2.8778	0.946	0.24	-4.5363	1.7008	1.4804	0.987	0.12
	树枝	-3.7266	2.1147	0.898	0.23	-3.3632	2.6728	-0.7052	0.919	0.21
	树叶	-2.3186	1.2549	0.820	0.20	-2.2879	1.3369	-0.0922	0.821	0.20
	树冠			0.911	0.19				0.925	0.18
人工樟子松	总量	—	—	0.978	0.15	—	—	—	0.987	0.11
	地上	—	—	0.971	0.18	—	—	—	0.985	0.13
	地下	-2.6309	1.9513	0.963	0.16	-2.5406	1.9752	-0.0606	0.962	0.16
	树干	-3.5715	2.7203	0.952	0.24	-3.7044	1.9074	0.9412	0.981	0.15
	树枝	-4.8200	2.5112	0.956	0.22	-4.9247	2.8783	-0.3612	0.963	0.21
	树叶	-3.9112	2.0327	0.923	0.25	-3.9908	2.5358	-0.5262	0.940	0.22
	树冠			0.961	0.19				0.971	0.17
人工杨树	总量	—	—	0.989	0.09	—	—	—	0.991	0.08
	地上	—	—	0.988	0.09	—	—	—	0.992	0.08
	地下	-3.3608	2.2217	0.976	0.13	-2.8989	2.3671	-0.3498	0.977	0.13
	树干	-2.3691	2.2071	0.984	0.11	-3.8467	1.4754	1.4147	0.993	0.07
	树枝	-4.5111	2.4506	0.921	0.26	-2.7109	3.2840	-1.6705	0.929	0.25
	树叶	-4.5262	2.0140	0.935	0.20	-4.3540	2.0102	-0.0706	0.935	0.20
	树冠			0.942	0.21				0.947	0.20

表 6-10　人工林树种对数转换的可加性生物量模型检验结果

树种	各分量	一元可加性生物量模型					二元可加性生物量模型				
		MPE	MPE%	MAE	MAE%	P%	MPE	MPE%	MAE	MAE%	P%
人工红松	总量	2.97	2.00	12.25	9.22	97.95	2.63	1.77	11.56	8.74	98.03
	地上	1.56	1.34	10.11	9.44	97.68	2.37	2.03	9.18	8.73	97.90
	地下	1.41	4.43	7.05	25.42	93.73	0.26	0.81	6.85	25.43	94.48
	树干	1.05	1.30	8.67	11.55	97.23	1.39	1.71	6.69	9.24	97.89
	树枝	0.56	2.42	4.56	22.28	94.23	0.81	3.50	4.82	22.45	94.03
	树叶	−0.05	−0.43	2.07	19.04	95.85	0.17	1.37	2.08	18.90	95.74
	树冠	0.51	1.43	6.23	19.30	95.12	0.98	2.75	6.41	19.04	94.92
人工落叶松	总量	6.83	3.04	28.25	14.09	96.38	2.39	1.06	14.13	7.57	98.10
	地上	5.79	3.25	26.21	15.40	95.69	1.56	0.88	12.09	7.85	97.80
	地下	1.05	2.25	3.60	12.62	97.33	0.83	1.78	3.87	12.28	97.29
	树干	5.54	3.49	27.84	19.67	95.05	1.22	0.77	12.62	9.31	97.52
	树枝	0.14	0.96	2.63	19.30	95.33	0.28	1.86	2.47	17.10	95.41
	树叶	0.11	2.46	0.69	16.90	96.46		1.59	0.70	17.54	96.45
	树冠	0.25	1.30	2.86	15.34	96.00	0.35	1.80	2.74	14.01	96.07
人工樟子松	总量	−1.77	−1.13	16.20	11.99	96.58	2.60	1.67	10.67	7.51	97.79
	地上	−1.77	−1.35	15.72	14.24	96.10	2.52	1.92	10.11	8.43	97.39
	地下	0.00	0.01	1.99	10.24	96.84	0.09	0.35	2.01	10.15	96.73
	树干	−3.41	−3.24	18.31	20.06	93.92	1.82	1.73	9.04	9.87	97.08
	树枝	0.88	5.25	3.08	19.43	92.96	0.19	1.10	2.55	18.07	94.88
	树叶	0.75	7.90	2.04	20.70	91.13	0.51	5.36	1.73	18.19	93.15
	树冠	1.64	6.21	4.35	15.84	92.89	0.70	2.64	3.36	13.83	95.15
人工杨树	总量	0.94	2.02	2.77	7.13	97.07	0.84	1.83	2.64	6.64	97.10
	地上	0.68	1.91	2.29	6.93	96.49	0.61	1.70	2.18	6.49	96.65
	地下	0.26	2.40	0.89	10.64	96.11	0.24	2.24	0.93	11.23	96.01
	树干	0.53	1.92	2.28	8.97	96.29	0.27	0.99	1.27	5.73	97.65
	树枝	0.10	1.63	1.53	23.01	86.45	0.27	4.37	1.41	22.96	87.33
	树叶	0.05	2.86	0.36	18.93	91.26	0.06	3.30	0.36	19.32	91.17
	树冠	0.15	1.87	1.70	18.82	88.42	0.33	4.12	1.57	18.04	89.03

6.3.4　模型校正

通常来说，如果用对数转换的异速生长模型［如式（6-4）和式（6-6）］去拟合生物量数据，一个校正系数［$CF=\exp(S^2/2)$］通常被用来校正反对数产生的系统偏差。然而，Madwick 和 Satoo（1975）发现使用校正系数后会高估生物量，且与生物量方程整体变异相比，反对数产生的系统偏差较小。因此 Madwick 和 Satoo（1975）建议，如果模型反对数产生的偏差很小时，校正系数可以被忽略。

由表 6-11 可知，东北林区 4 个天然针叶树种一元、二元可加性生物量模型的校正系数小于 1.06，尤其是总量、地上和树干生物量模型。所有模型的偏差百分比（B）都较小，为 0.32%~5.94%，且二元可加性生物量模型的偏差百分比较小。

表 6-11 东北林区 4 个天然针叶树种对数转换的可加性生物量模型校正系数、偏差百分比和标准误差百分比

树种	各分量	一元可加性生物量模型			二元可加性生物量模型		
		CF	B	G	CF	B	G
红松	总量	1.0113	1.12	10.64	1.0129	1.27	11.35
	地上	1.0163	1.61	12.78	1.0163	1.61	12.78
	树根	1.0460	4.40	21.45	1.0460	4.40	21.45
	树干	1.0182	1.79	13.50	1.0182	1.79	13.50
	树枝	1.0595	5.62	24.39	1.0560	5.30	23.66
	树叶	1.0632	5.94	25.13	1.0525	4.99	22.92
	树冠	1.0492	4.69	22.19	1.0460	4.40	21.45
臭冷杉	总量	1.0098	0.97	9.92	1.0072	0.72	8.50
	地上	1.0097	0.96	9.82	1.0061	0.60	7.79
	树根	1.0479	4.57	21.89	1.0492	4.69	22.19
	树干	1.0159	1.56	12.60	1.0085	0.84	9.21
	树枝	1.0213	2.09	14.60	1.0202	1.98	14.21
	树叶	1.0122	1.20	11.03	1.0129	1.27	11.35
	树冠	1.0100	0.99	9.99	1.0098	0.98	9.92
红皮云杉	总量	1.0061	0.60	7.79	1.0050	0.50	7.08
	地上	1.0050	0.50	7.08	1.0032	0.32	5.66
	树根	1.0268	2.61	16.37	1.0292	2.84	17.09
	树干	1.0098	0.98	9.92	1.0050	0.50	7.08
	树枝	1.0400	3.84	19.99	1.0317	3.08	17.82
	树叶	1.0344	3.32	18.54	1.0292	2.84	17.09
	树冠	1.0223	2.18	14.93	1.0146	1.43	12.06
落叶松	总量	1.0163	1.61	12.78	1.0098	0.98	9.92
	地上	1.0163	1.61	12.78	1.0085	0.84	9.21
	树根	1.0632	5.94	25.13	1.0632	5.94	25.13
	树干	1.0223	2.18	14.93	1.0098	0.98	9.92
	树枝	1.0492	4.69	22.19	1.0492	4.69	22.19
	树叶	1.0525	4.99	22.92	1.0492	4.69	22.19
	树冠	1.0317	3.08	17.82	1.0317	3.08	17.82

表 6-12 给出了东北林区 9 个天然阔叶树种一元、二元可加性生物量模型的校正系数、偏差百分比和标准误差百分比（G）。从表 6-12 可以看出，所有模型的校正系数都小于 1.08，尤其是总量、地上和树干生物量模型。所有模型的偏差百分比（B）都较小，为 0.40%~8.00%，且二元可加性生物量模型的偏差百分比较小。

表 6-12 东北林区 9 个天然阔叶树种对数转换的可加性生物量模型校正系数、偏差百分比和标准误差百分比

树种	各分量	一元可加性生物量模型			二元可加性生物量模型		
		CF	B	G	CF	B	G
柞树	总量	1.0096	0.95	9.78	1.0069	0.68	8.29
	地上	1.0140	1.38	11.85	1.0071	0.71	8.43
	地下	1.0705	6.58	26.54	1.0628	5.91	25.06
	树干	1.0176	1.73	13.28	1.0082	0.82	9.07
	树枝	1.0439	4.20	20.94	1.0442	4.23	21.02
	树叶	1.0406	3.90	20.14	1.0406	3.90	20.14
	树冠	1.0349	3.37	18.69	1.0349	3.37	18.69
山杨	总量	1.0100	0.99	10.00	1.0076	0.75	8.71
	地上	1.0127	1.26	11.28	1.0086	0.85	9.28
	地下	1.0278	2.70	16.66	1.0275	2.68	16.59
	树干	1.0142	1.40	11.92	1.0080	0.79	8.93
	树枝	1.0473	4.52	21.75	1.0442	4.23	21.02
	树叶	1.0243	2.37	15.58	1.0243	2.37	15.58
	树冠	1.0305	2.96	17.45	1.0282	2.75	16.80
椴树	总量	1.0088	0.87	9.35	1.0069	0.68	8.29
	地上	1.0126	1.24	11.21	1.0098	0.98	9.92
	地下	1.0176	1.73	13.28	1.0182	1.79	13.50
	树干	1.0173	1.70	13.14	1.0132	1.30	11.49
	树枝	1.0223	2.18	14.93	1.0232	2.26	15.22
	树叶	1.0483	4.60	21.97	1.0460	4.40	21.45
	树冠	1.0163	1.61	12.78	1.0171	1.68	13.07
白桦	总量	1.0096	0.95	9.78	1.0062	0.61	7.86
	地上	1.0118	1.16	10.85	1.0066	0.66	8.15
	地下	1.0442	4.23	21.02	1.0432	4.15	20.80
	树干	1.0160	1.57	12.64	1.0077	0.77	8.79
	树枝	1.0261	2.54	16.16	1.0247	2.41	15.72
	树叶	1.0336	3.25	18.32	1.0341	3.30	18.47
	树冠	1.0188	1.85	13.71	1.0180	1.77	13.42

续表

树种	各分量	一元可加性生物量模型			二元可加性生物量模型		
		CF	B	G	CF	B	G
水曲柳	总量	1.0394	3.79	19.85	1.0142	1.40	11.92
	地上	1.0400	3.84	19.99	1.0119	1.18	10.92
	地下	1.0778	7.21	27.89	1.0624	5.88	24.98
	树干	1.0546	5.18	23.36	1.0169	1.66	12.99
	树枝	1.0297	2.89	17.24	1.0273	2.66	16.52
	树叶	1.0229	2.24	15.15	1.0232	2.26	15.22
	树冠	1.0167	1.64	12.92	1.0156	1.54	12.49
胡桃楸	总量	1.0072	0.72	8.50	1.0060	0.59	7.72
	地上	1.0100	0.99	10.00	1.0050	0.50	7.08
	地下	1.0556	5.27	23.58	1.0420	4.03	20.50
	树干	1.0194	1.90	13.93	1.0085	0.84	9.21
	树枝	1.0282	2.75	16.80	1.0273	2.66	16.52
	树叶	1.0240	2.35	15.51	1.0240	2.35	15.51
	树冠	1.0158	1.55	12.56	1.0147	1.45	12.14
黑桦	总量	1.0156	1.54	12.49	1.0103	1.02	10.14
	地上	1.0176	1.73	13.28	1.0090	0.89	9.50
	地下	1.0400	3.84	19.99	1.0400	3.84	19.99
	树干	1.0232	2.26	15.22	1.0094	0.93	9.71
	树枝	1.0470	4.49	21.67	1.0460	4.40	21.45
	树叶	1.0320	3.10	17.89	1.0300	2.91	17.31
	树冠	1.0366	3.53	19.12	1.0355	3.42	18.83
榆树	总量	1.0098	0.98	9.92	1.0086	0.85	9.28
	地上	1.0104	1.03	10.21	1.0080	0.79	8.93
	地下	1.0355	3.42	18.83	1.0355	3.42	18.83
	树干	1.0153	1.50	12.35	1.0101	1.00	10.07
	树枝	1.0200	1.96	14.14	1.0190	1.86	13.78
	树叶	1.0275	2.68	16.59	1.0268	2.61	16.37
	树冠	1.0151	1.49	12.28	1.0142	1.40	11.92
色木	总量	1.0063	0.63	7.93	1.0064	0.64	8.00
	地上	1.0053	0.53	7.29	1.0044	0.44	6.65
	地下	1.0570	5.39	23.88	1.0539	5.11	23.21
	树干	1.0064	0.64	8.00	1.0040	0.40	6.30
	树枝	1.0266	2.59	16.30	1.0252	2.46	15.87
	树叶	1.0190	1.86	13.78	1.0188	1.85	13.71
	树冠	1.0188	1.85	13.71	1.0184	1.81	13.57

表 6-13 给出了东北林区 4 个人工林物种一元、二元可加性物量模型的校正系数、偏差百分比和标准误差百分比。

从表 6-13 可以看出，所有模型的校正系数都小于 1.04，尤其是总量、地上和树干生物量模型。所有模型的偏差百分比（B）都较小，为 0.35%~4.00%，且二元可加性生物量模型的偏差百分比较小。

表 6-13 东北林区 4 个人工林树种对数转换的可加性生物量模型校正系数、偏差百分比和标准误差百分比

树种	各分量	一元可加性生物量模型			二元可加性生物量模型		
		CF	B	G	CF	B	G
人工红松	总量	1.0069	0.68	8.29	1.0061	0.61	7.84
	地上	1.0070	0.69	8.37	1.0059	0.59	7.70
	地下	1.0379	3.65	19.47	1.0378	3.64	19.44
	树干	1.0104	1.03	10.18	1.0070	0.69	8.34
	树枝	1.0349	3.37	18.68	1.0337	3.26	18.36
	树叶	1.0235	2.29	15.32	1.0229	2.24	15.13
	树冠	1.0254	2.48	15.93	1.0245	2.39	15.66
人工落叶松	总量	1.0158	1.55	12.56	1.0050	0.50	7.10
	地上	1.0190	1.86	13.77	1.0049	0.49	7.00
	地下	1.0189	1.86	13.75	1.0171	1.68	13.09
	树干	1.0286	2.78	16.90	1.0070	0.69	8.35
	树枝	1.0273	2.66	16.52	1.0218	2.13	14.75
	树叶	1.0206	2.02	14.36	1.0205	2.01	14.33
	树冠	1.0189	1.86	13.76	1.0158	1.56	12.57
人工樟子松	总量	1.0116	1.15	10.77	1.0065	0.65	8.09
	地上	1.0164	1.62	12.82	1.0087	0.86	9.34
	地下	1.0125	1.23	11.17	1.0128	1.27	11.33
	树干	1.0298	2.90	17.27	1.0119	1.18	10.93
	树枝	1.0256	2.50	16.00	1.0217	2.12	14.72
	树叶	1.0309	3.00	17.59	1.0241	2.36	15.54
	树冠	1.0190	1.87	13.79	1.0141	1.39	11.89
人工杨树	总量	1.0039	0.39	6.22	1.0032	0.32	5.65
	地上	1.0043	0.43	6.57	1.0031	0.31	5.53
	地下	1.0084	0.83	9.14	1.0081	0.81	9.02
	树干	1.0059	0.59	7.70	1.0027	0.27	5.20
	树枝	1.0352	3.40	18.77	1.0314	3.05	17.73
	树叶	1.0199	1.95	14.09	1.0199	1.95	14.10
	树冠	1.0229	2.24	15.15	1.0212	2.08	14.56

由于柞树的生物量模型的校正系数较大,因此本研究用柞树为例来验证校正系数的必要性。图 6-1 给出了柞树总量及各分项反对数生物量估计值校正与未校正的平均百分比差异。结果表明,在不同的胸径范围内,校正与未校正生物量估计值没有明显的差异,且在使用校正系数后,大部分生物量预测值的平均百分比差异变得更大。

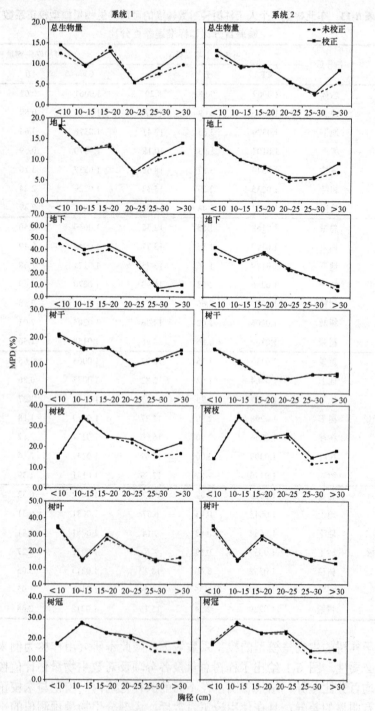

图 6-1 柞树总量及各分项反对数生物量估计值校正与未校正的平均百分比差异
系统 1 为一元可加性生物量模型系统；系统 2 为二元可加性生物量模型系统

6.4 讨 论

6.4.1 生物量模型

异速生长关系经常被用于生物量模型拟合中。$W=a \cdot D^b$ 和 $W=a \cdot D^b \cdot H^c$ 经常被用来描述这种异速生长关系。仅含有胸径的异速生长方程 $W=a \cdot D^b$ 是一种最为简单的形式，且容易拟合生物量数据。这种简单的异速生长方程只需要基本的森林调查数据就可以估计出生物量，且经常得到了较高的预测精度（Basuki et al., 2009；Navar, 2009；Sierra et al., 2007；Jenkins et al., 2003）。然而，添加树高作为另一变量进入生物量模型能显著提高模型的拟合效果和预测能力（Wang et al., 2006；Bi et al., 2004），尤其是对于树枝和树叶生物量（Zhou et al., 2007；Wang et al., 2006）。本研究显示，添加树高进入模型系统能提高绝大多数总量及各分项生物量模型的拟合效果与预测能力，这与之前研究结果一致（Battulga et al., 2013；Bi et al., 2004）。

许多研究表明，异速生长方程的对数转换形式通常被用来进行生物量数据的拟合。另一方面，利用异速生长方程直接拟合原始生物量数据也能提供和对数转换形式一样好的拟合效果。然而，Xiao 等（2011）指出选择对数转换的线性回归还是非线性回归取决于模型的误差结构分布，并提出了似然分析法去比较两种误差结构的适用性。目前，在国内外林业界，很少有人用似然分析法去确定异速生长方程的误差结构。

如果对数转换的线性回归被使用，校正系数通常被用来消除反对数产生的系统偏差。然而，与生物量方程整体变异相比，反对数产生的偏差很小。因此，当模型误差足够小时，校正系数是没有必要的，可以被忽略。在本研究中，各树种总量及各分项生物量模型的校正系数都相当小。因此，本研究所建立的生物量模型的校正系数可以被忽略，这与许多研究一致（Zianis et al., 2011；Zianis and Mencuccini, 2003；Madgwick and Satoo, 1975）。然而，如果模型误差较大时，模型的校正系数是必需的，如 Wang（2006）及 Zianis 和 Mencuccini（2003）所报道的生物量模型。

总的来说，当总生物量被分为两部分（如地上生物量和地下生物量），地上生物量被分更小的部分（如树干和树冠），树冠被分为两部分（如树枝和树叶），甚至树干被分为树皮和木材时，非线性似乎不相关回归（NSUR）应当被用来拟合这个生物量模型系统。利用非线性似乎不相关回归建立的可加性生物量模型系统具有以下一些优点：①各分项生物量预测值等于总生物量；②能解决总量与各分项生物量之间的内在相关性；③参数估计更有效；④可以避免各分项生物量的估计值大于总生物量的估计值（Balboa-Murias et al., 2006; Bi et al., 2004; Parresol, 2001, 1999）。然而，在许多生物量模型中，立木总生物量等于各分项生物量之和这一逻辑关系依旧没有被考虑。

6.4.2 不同生物量模型比较

红松、臭冷杉、红皮云杉和落叶松是东北林区 4 个主要的天然针叶树种。这 4 个天然针叶树种用途广泛，其资源受到越来越多的重视。目前，我国关于这 4 个天然针叶树种可加性生物量模型的报道还较少，尤其是红皮云杉。Wang（2006）开展了东北林区落叶松和红松的仅含有胸径变量的生物量模型，但其数据来源于人工林，而不是天然林。在其研究中两个树种的解析木各为 10 株，且所建立的生物量模型不具有可加性或相容性。汪金松等（2011）利用东北林区 21 株天然臭冷杉建立了仅含有胸径变量的生物量模型，其所建立的模型也不具有可加性。图 6-2 所示为利用本研究所建立的一元可加性生物量模型系统、Wang（2006）及汪金松等（2011）建立的生物量模型估计出的落叶松、红松和臭冷杉总生物量、地上和地下生物量预测值。从图中可以清楚地看出，不同的落叶松、红松和臭冷杉生物

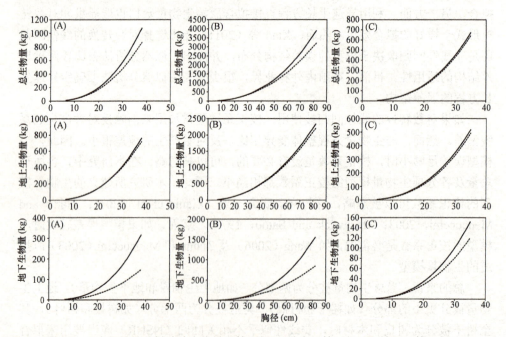

图 6-2 3 个天然针叶树种总生物量（第一行）、地上（第二行）和地下（第三行）生物量不同模型比较

实线为本研究所建立的生物量模型，虚线为其他生物量模型。(A)落叶松（Wang, 2006）；(B)红松（Wang, 2006）；(C)臭冷杉（汪金松等, 2011）

量模型产生了非常接近的地上生物量预测值。但本研究建立的落叶松、红松和臭冷杉生物量模型比 Wang（2006）和汪金松等（2011）所建立的生物量模型获得了较高的总生物量预测值，尤其是大树。这主要是因为不同生物量模型估计出的地下生物量差异较大。

　　Wang（2006）也构建了 8 个阔叶树种的生物量模型，其中 7 个树种与本研究一致，它们为柞树、山杨、椴树、白桦、水曲柳、胡桃楸和色木。然而，每一个树种的样本数都为 10 株，且所建立的模型不具有可加性。用 7 个树种总生物量、地上和地下生物量模型曲线来阐明本研究构建的生物量模型与 Wang（2006）构建的生物量模型之间的差异（图 6-3）。从图中可以清楚地看出，大部分树种的总量和地上生物量模型产生了十分接近的预测值，而不同地下生物量模型产生的预测值差异较大。本研究所建立的柞树总生物量、地上和地下生物量模型比 Wang（2006）所建立的生物量模型获得了更高的预测值，尤其是大树。但本研究所建立的其他树种的生物量模型产生了略低的预测值。这主要是因为不同生物量模型估计出的地下生物量差异较大。

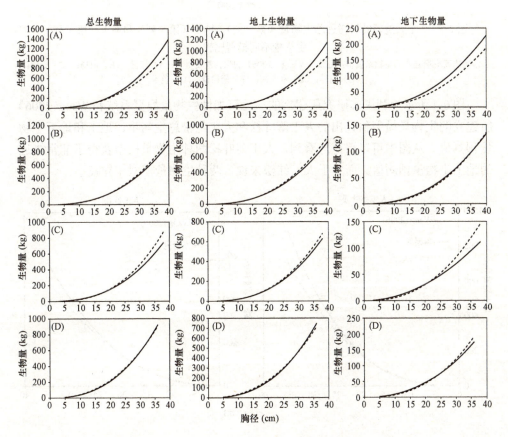

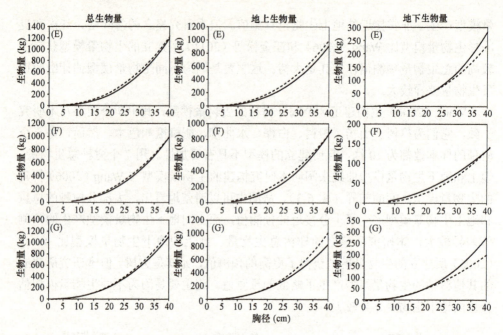

图 6-3　7 个天然阔叶松树种总生物量（第一列）、地上（第二列）和地下（第三列）
生物量不同模型比较

实线为本研究所建立的生物量模型，虚线为 Wang（2006）的生物量模型 。（A）柞树；（B）山杨；（C）椴树；
（D）白桦；（E）水曲柳；（F）胡桃楸；（G）色木

图 6-4 所示为利用本研究所建立的一元可加性生物量模型系统和 Wang（2006）所建立的生物量模型估计出的人工落叶松和人工红松总生物量、地上和地下生物量预测值。从图中可以清楚地看到，人工落叶松两种生物量模型获得了非常接近的地上生物量预测值。而对于人工红松来说，两种生物量模型差异较小。

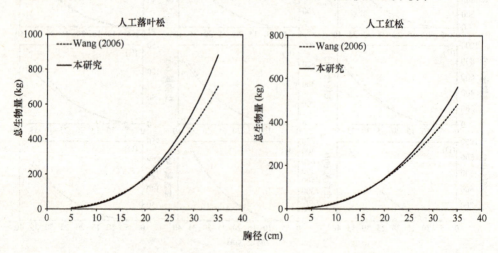

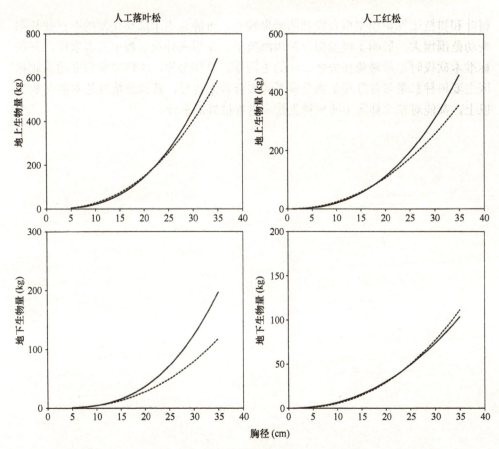

图 6-4　人工落叶松和人工红松总生物量、地上和地下生物量不同模型比较

以上分析表明，不同生物量模型估计出的地下生物量差异较大。可能的原因是：①三个研究来自不同的取样点；②三个研究的解析木来自不同的林分类型；③解析木来自不同的林分起源；④三个研究的建模样本数和样本大小范围不同。这些都可能导致树根形态特性、土壤条件和成长过程方面的不同（Bi et al.，2004；Zianis and Mencuccini，2003；Nicoll and Ray，1996；Strong and Roi，1983）。总的来说，解析木所属的样地位置、林分起源和林分结构在生物量估计和分配中也可能起到关键作用。

6.5　本章小结

基于模型相乘性的误差结构，本章节构建了东北林区 17 个树种对数转换的可加性生物量模型，且用"刀切法"去评价模型的预测能力。结果表明，在本研究所建立的生物量模型中，总量、地上和树干生物量模型拟合和预测效果较好，而树叶和树枝生物量模型拟合和预测效果较差，可能是由于抽样误差的存在使数据变动范围增大，影响了模型拟合和预测效果。今后在外业过程中应多取样，并在标准木砍伐时尽量避免损失枝、叶的生物量。总体来说，本研究所建立的东北林区主要树种总量与各分项生物量模型的拟合效果较好，其预测精度基本都在80%以上，都能对东北林区主要树种生物量进行很好的估计。

第7章 东北林区主要林分类型生物量分配及根茎比

对于个体和小尺度的生物量分配研究已经有很多报道。作为个体集合的生态系统，其生物量分配比例和根茎比在大尺度上的变化是否存在一定的规律性？针对这一问题，本章对东北林区主要林分类型生物量分配比例及根茎比进行研究。

7.1 数据统计

本章所用数据为东北林区主要林分类型21 041块固定样地数据，利用本研究所建立的生物量模型计算各固定样地的生物量，统计信息详见表7-1。

表7-1 东北林区各林分类型生物量统计量

地区	林分类型	样本数	统计量	W_s (kg)	W_b (kg)	W_f (kg)	W_r (kg)	W_c (kg)	W_a (kg)	W_t (kg)
黑龙江省大兴安岭	白桦林	861	Min	1.12	0.10	0.05	0.49	0.15	1.27	1.76
			Max	137.80	29.84	5.57	52.49	35.31	171.98	224.47
			Mean	40.22	7.54	1.75	15.06	9.29	49.51	64.57
			Std	25.22	5.37	1.09	9.39	6.44	31.41	40.71
	阔叶混交林	410	Min	1.95	0.20	0.08	0.83	0.29	2.26	3.09
			Max	175.93	45.44	5.72	59.91	49.99	215.19	275.10
			Mean	54.52	13.21	2.31	18.66	15.52	70.04	88.70
			Std	28.76	9.34	1.19	9.79	10.44	38.11	47.74
	落叶松林	1515	Min	1.36	0.16	0.09	0.46	0.25	1.61	2.06
			Max	203.40	30.86	6.35	96.33	36.51	228.05	324.39
			Mean	61.71	7.57	2.06	25.47	9.63	71.34	96.81
			Std	36.21	4.79	1.07	15.85	5.79	41.80	57.55
	杨桦林	235	Min	1.66	0.12	0.05	0.47	0.18	1.84	2.36
			Max	168.53	31.49	5.48	57.59	36.97	205.50	263.09
			Mean	61.19	9.96	2.20	18.83	12.16	73.34	92.18
			Std	32.44	6.48	1.16	10.53	7.60	39.62	49.88

续表

地区	林分类型	样本数	统计量	W_s (kg)	W_b (kg)	W_f (kg)	W_r (kg)	W_c (kg)	W_a (kg)	W_t (kg)
黑龙江省大兴安岭	针阔混交林	1037	Min	2.40	0.29	0.13	0.88	0.42	2.82	3.70
			Max	170.78	27.78	6.70	60.32	32.95	199.41	259.62
			Mean	61.65	9.75	2.34	23.79	12.10	73.74	97.53
			Std	28.61	5.10	1.04	11.34	6.06	34.25	45.37
	针叶混交林	255	Min	1.90	0.30	0.18	0.55	0.49	2.66	3.21
			Max	158.62	22.14	8.50	69.77	28.09	186.69	256.46
			Mean	64.40	8.90	3.44	21.59	12.34	76.74	98.32
			Std	32.56	4.31	1.58	11.63	5.70	38.03	48.74
吉林省长白山	白桦林	393	Min	5.03	0.62	0.23	1.90	0.85	5.99	7.89
			Max	210.85	66.13	9.34	69.35	75.44	283.88	353.24
			Mean	75.00	18.12	3.64	26.06	21.76	96.76	122.83
			Std	33.00	10.25	1.66	10.86	11.85	44.55	55.32
	阔叶混交林	6756	Min	2.06	0.32	0.12	0.83	0.44	2.70	3.53
			Max	316.83	113.68	12.32	94.76	122.73	407.69	496.60
			Mean	88.09	21.99	3.74	27.73	25.73	113.82	141.55
			Std	42.24	15.03	1.57	12.45	16.38	57.24	69.33
	落叶松林	471	Min	5.31	0.60	0.28	1.93	0.87	6.18	8.12
			Max	304.79	35.26	8.05	146.89	41.16	342.96	489.85
			Mean	84.60	10.01	2.44	36.86	12.45	97.05	133.91
			Std	54.25	6.47	1.34	25.35	7.75	61.82	87.05
	落叶松人工林	355	Min	1.16	0.32	0.30	0.29	0.62	1.78	2.07
			Max	179.73	19.32	6.95	54.31	26.09	203.42	257.73
			Mean	60.16	8.05	2.86	18.16	10.91	71.08	89.23
			Std	35.25	3.99	1.20	10.74	5.07	39.97	50.67
	山杨林	328	Min	3.10	0.26	0.11	0.82	0.37	3.46	4.28
			Max	235.50	61.78	8.91	57.87	70.43	304.95	362.82
			Mean	85.02	17.39	3.33	22.26	20.72	105.75	128.01
			Std	46.34	12.57	1.73	11.36	14.22	59.92	71.13
	柞树林	644	Min	5.22	0.61	0.28	2.24	0.89	6.11	8.35
			Max	352.39	239.22	14.88	107.08	253.47	605.85	712.94
			Mean	111.10	42.11	5.02	37.66	47.12	158.22	195.88
			Std	48.78	31.47	2.03	14.92	33.29	80.97	95.51

续表

地区	林分类型	样本数	统计量	W_s (kg)	W_b (kg)	W_f (kg)	W_r (kg)	W_c (kg)	W_a (kg)	W_t (kg)
吉林省长白山	杨桦林	80	Min	15.85	1.75	0.55	5.01	2.31	18.15	23.16
			Max	179.52	43.61	8.79	58.81	52.40	231.92	290.73
			Mean	80.92	16.86	3.40	25.03	20.26	101.19	126.21
			Std	33.80	9.43	1.55	10.54	10.91	44.35	54.72
	针阔混交林	1725	Min	2.08	0.50	0.22	0.73	0.78	2.87	3.60
			Max	349.26	74.76	14.24	131.43	89.00	438.26	569.69
			Mean	85.11	16.20	4.11	30.31	20.31	105.42	135.73
			Std	42.39	9.49	1.93	15.34	11.23	53.03	67.99
	针叶混交林	807	Min	3.74	0.70	0.59	1.78	1.35	5.09	7.08
			Max	362.66	69.20	14.86	141.29	82.54	423.05	560.36
			Mean	94.79	15.55	5.40	37.79	20.95	115.75	153.53
			Std	53.89	8.93	2.56	23.60	11.14	64.31	87.27
黑龙江省小兴安岭和长白山	白桦林	388	Min	1.65	0.17	0.06	0.70	0.24	1.89	2.59
			Max	129.30	31.20	6.87	47.58	38.07	167.37	214.95
			Mean	36.43	7.55	1.69	13.27	9.24	45.67	58.94
			Std	24.12	5.98	1.19	8.51	7.15	31.11	39.57
	黑桦林	97	Min	5.83	0.68	0.29	2.02	1.05	7.00	9.01
			Max	108.76	43.43	5.01	29.99	48.44	157.20	187.19
			Mean	38.49	10.06	1.93	12.39	11.99	50.48	62.87
			Std	22.31	8.56	1.06	6.57	9.51	31.46	37.82
	红松人工林	51	Min	7.39	1.16	0.76	2.94	1.92	9.31	12.25
			Max	106.51	28.78	14.05	58.16	40.48	146.41	194.62
			Mean	62.71	14.22	8.37	25.17	22.58	85.30	110.47
			Std	22.49	6.40	3.26	10.85	9.31	31.58	41.80
	阔叶混交林	2522	Min	1.36	0.20	0.09	0.71	0.32	1.68	2.39
			Max	246.79	106.42	9.08	96.58	113.95	341.80	417.91
			Mean	59.82	14.94	2.72	19.81	17.67	77.48	97.29
			Std	31.78	12.11	1.33	10.08	13.24	43.96	53.76
	落叶松林	74	Min	2.84	0.34	0.18	1.01	0.52	3.37	4.42
			Max	173.09	24.56	4.47	79.51	28.97	202.06	281.58
			Mean	51.36	6.54	1.72	20.78	8.25	59.61	80.39
			Std	41.25	5.58	1.16	18.01	6.67	47.73	65.52

续表

地区	林分类型	样本数	统计量	W_s (kg)	W_b (kg)	W_f (kg)	W_r (kg)	W_c (kg)	W_a (kg)	W_t (kg)
黑龙江省小兴安岭和长白山	落叶松人工林	307	Min	2.51	0.54	0.39	0.68	0.93	3.44	4.13
			Max	162.40	16.71	5.85	50.22	22.06	180.74	230.96
			Mean	48.55	6.34	2.44	14.40	8.78	57.33	71.73
			Std	31.11	3.55	1.14	9.43	4.55	35.20	44.59
	山杨林	125	Min	1.61	0.09	0.04	0.36	0.13	1.74	2.10
			Max	163.86	35.88	6.56	42.28	41.59	201.66	240.17
			Mean	62.74	10.29	2.22	15.75	12.51	75.25	91.01
			Std	36.31	7.70	1.42	9.45	9.07	45.04	54.43
	杨树人工林	181	Min	1.01	0.18	0.08	0.39	0.26	1.28	1.66
			Max	118.53	32.95	6.92	46.26	39.87	158.39	204.66
			Mean	26.88	6.51	1.76	10.36	8.26	35.15	45.51
			Std	19.73	5.24	1.19	7.62	6.41	26.13	33.74
	柞树林	661	Min	3.12	0.30	0.18	1.36	0.48	3.60	4.95
			Max	273.15	141.53	9.88	78.52	151.41	424.56	503.07
			Mean	70.54	21.46	3.32	24.77	24.78	95.32	120.09
			Std	34.61	16.48	1.49	11.08	17.76	51.52	62.29
	樟子松人工林	71	Min	10.56	1.58	0.92	2.84	2.65	13.31	17.09
			Max	130.21	18.46	9.93	32.06	27.87	156.75	186.02
			Mean	58.01	8.89	5.23	16.06	14.12	72.13	88.19
			Std	26.49	3.86	2.15	6.87	5.91	32.22	38.69
	针阔混交林	519	Min	1.86	0.24	0.16	0.71	0.39	2.25	2.96
			Max	217.69	70.83	10.86	88.63	81.03	292.04	380.67
			Mean	62.47	12.67	3.42	22.17	16.09	78.56	100.73
			Std	34.45	9.33	1.92	12.53	11.03	44.79	57.07
	针叶混交林	173	Min	3.24	0.52	0.31	1.27	0.82	4.06	5.34
			Max	150.60	30.80	8.49	67.24	39.04	179.44	243.74
			Mean	61.87	10.82	4.08	22.79	14.90	76.77	99.55
			Std	31.22	5.87	1.75	12.38	7.48	38.44	50.57

注：Min、Max、Mean 和 Std 分别代表最小值、最大值、平均值和标准差。W_t 为林分总生物量，W_a 为林分地上部分生物量，W_r 为林分地下部分生物量，W_b 为林分树枝生物量，W_s 为林分树干生物量，W_f 为林分树叶生物量，W_c 为林分树冠生物量。

7.2 东北林区主要林分类型生物量分配

7.2.1 主要林分类型生物量分配统计

各林分类型生物量分配给树干、树枝、树叶和树根的比例存在巨大的差异，其平均值分别为 63.2%、11.7%、3.3%和 21.8%。不同林分类型的生物量器官分配比例也存在较大的变异（表 7-2）。

对于黑龙江省大兴安岭林区来说，树干分配比例平均值最大的是杨桦林（67.4%），最小的是阔叶混交林（62.2%）；树枝分配比例平均值最大的是阔叶混交林（13.6%），最小的是落叶松林（7.7%）；树叶分配比例平均值最大的是针叶混交林（3.8%），最小的是落叶松林（2.3%）；树根分配比例平均值最大的是落叶松林（25.9%），最小的是杨桦林（20.4%）。总的来说，黑龙江大兴安岭林区各林分类型树干、树根、树枝和树叶的分配比例平均值分别为 64.1%、23.0%、10.2%和 2.7%（表 7-2）。

对于吉林省长白山林区来说，树干分配比例平均值最大的是山杨林（66.7%），最小的是柞树林（57.8%）；树枝分配比例平均值最大的是柞树林（19.6%），最小的是落叶松林（7.5%）；树叶分配比例平均值最大的是落叶松人工林（4.0%），最小的是落叶松林（2.0%）；树根分配比例平均值最大的是落叶松林（27.0%），最小的是山杨林（18.0%）。总的来说，吉林省长白山林区各林分类型树干、树根、树枝和树叶的分配比例平均值分别为 63.1%、21.4%、12.5%和 3.0%（表 7-2）。

对于黑龙江省小兴安岭、长白山林区来说，树干分配比例平均值最大的是山杨林（70.2%），最小的是红松人工林（57.3%）；树枝分配比例平均值最大的是柞树林（16.1%），最小的是落叶松林（8.1%）；树叶分配比例平均值最大的是红松人工林（7.5%），最小的是山杨林（2.4%）；树根分配比例平均值最大的是落叶松林（25.2%），最小的是山杨林（17.3%）。总的来说，黑龙江省小兴安岭和长白山林区各林分类型树干、树根、树枝和树叶的分配比例平均值分别为 62.8%、21.4%、11.9%和 3.9%（表 7-2）。

表 7-2 乔木层生物量各器官分配比例按林分类型统计

地区	林分类型	树干（%）		树根（%）		树枝（%）		树叶（%）	
		Mean	Std	Mean	Std	Mean	Std	Mean	Std
黑龙江省大兴安岭	白桦林	62.56a	1.31	23.78a	1.68	10.96a	2.57	2.70a	0.22
	阔叶混交林	62.18b	3.43	21.54b	2.04	13.61b	4.40	2.66b	0.29
	落叶松林	64.04c	0.91	25.94c	1.43	7.72c	0.99	2.30b	0.57
	杨桦林	67.38d	3.72	20.36d	2.22	9.88d	2.86	2.38c	0.28
	针阔混交林	63.32e	1.56	24.37e	1.69	9.84d	1.92	2.47d	0.45
	针叶混交林	65.00f	3.56	21.99f	3.33	9.19e	1.19	3.82e	1.33
吉林省长白山	白桦林	61.35a	1.38	21.58a	1.24	14.12a	2.28	2.96a	0.21
	阔叶混交林	62.54b	2.83	20.06b	1.84	14.64b	3.37	2.76e	0.45
	落叶松林	63.53c	0.95	26.95c	1.61	7.50c	0.85	2.01b	0.50
	落叶松人工林	66.44d	2.54	19.90b	1.43	9.67d	1.65	3.99d	2.02

续表

地区	林分类型	树干(%) Mean	Std	树根(%) Mean	Std	树枝(%) Mean	Std	树叶(%) Mean	Std
吉林省长白山	山杨林	66.71d	3.72	18.02d	2.23	12.55e	2.88	2.72ef	0.55
	柞树林	57.76e	2.88	20.01b	2.17	19.57f	5.22	2.66f	0.31
	杨桦林	64.60f	1.95	20.06b	1.40	12.65e	2.53	2.69ef	0.23
	针阔混交林	62.83g	2.15	22.35e	1.92	11.62g	1.90	3.19c	0.79
	针叶混交林	61.72h	2.21	24.06f	2.52	10.28h	1.57	3.94d	1.40
黑龙江省小兴安岭和长白山	白桦林	62.21a	1.41	23.17a	1.63	11.81a	2.61	2.82a	0.21
	黑桦林	61.92a	1.76	20.63d	2.38	14.30c	4.13	3.16b	0.23
	红松人工林	57.26b	2.16	22.67abc	2.02	12.54ab	1.77	7.53c	1.28
	阔叶混交林	62.01a	2.85	21.00d	2.19	14.07c	3.91	2.93d	0.46
	落叶松林	64.16c	1.87	25.18e	2.45	8.11g	1.46	2.55f	1.07
	落叶松人工林	66.40d	3.28	19.48f	1.72	9.63e	2.13	4.49e	2.67
	山杨林	70.18e	3.38	17.33g	1.12	10.11def	3.14	2.38f	0.26
	杨树人工林	59.45f	0.85	22.89ac	0.43	13.55bc	1.31	4.11g	0.45
	柞树林	59.56d	2.64	21.52h	2.62	16.05h	5.48	2.88ad	0.36
	樟子松人工林	65.56g	3.11	18.35i	2.36	10.08def	0.33	6.01h	0.85
	针阔混交林	62.35a	2.16	22.22b	1.78	11.89a	2.48	3.54i	0.93
	针叶混交林	62.16a	1.86	22.68c	1.81	10.81f	1.28	4.35e	0.94

注：Mean 和 Std 分别代表平均值和标准差。不同地区同列不同小写英文字母表示在 0.05 水平上差异显著

7.2.2 林分因素对生物量分配的影响

表 7-3 给出了东北林区主要林分类型乔木层生物量各器官分配比例与林分指标（林分平均直径、林分平均高和林分密度）的相关关系。由表 7-3 可知，随着林分平均直径的增加，黑龙江省大兴安岭林区针叶混交林生物量树干分配比例增加，其余 5 个林分类型的生物量树干分配比例减小；落叶松林生物量树根分配比例增加，其余 5 个林分类型生物量树根分配比例减小；落叶松林生物量树枝分配比例减小，其余 5 个林分类型生物量树根分配比例增加；白桦林和杨桦林生物量树叶分配比例增加，其余 4 个林分类型的生物量树叶分配比例减小。随着林分平均高的增加，阔叶混交林和针叶混交林生物量树干分配比例增加，其余 4 个林分类型的生物量树干分配比例减小；落叶松林生物量树根分配比例增加，针阔混交林生物量树根分配比例没有明显变化趋势，其余 4 个林分类型生物量树根分配比例减小；落叶松林生物量树根分配比例增加，针叶混交林生物量树根分配比例没有明显变化趋势，其余 4 个林分类型生物量树根分配比例减小；白桦林和杨桦林

生物量树叶分配比例增加，其余林分类型生物量树叶分配比例减小。随着林分密度的增加，针叶混交林生物量树干分配比例减小，其余林分类型生物量树干分配比例增加；落叶松林生物量树根分配比例减小，其余林分类型生物量树根分配比例增加；落叶松林生物量树枝分配比例增加，其余林分类型生物量树枝分配比例减小；落叶松和针阔混交林生物量树叶分配比例增加，阔叶混交林生物量树叶分配比例没有明显变化趋势，其余林分类型生物量树叶分配比例减小。

吉林省长白山林区和黑龙江省小兴安岭、长白山林区各林分类型生物量分配比例与林分平均直径、林分平均高和林分密度也有明显规律性，其变化规律与黑龙江大兴安岭林区各林分类型类似，因此，本章不进行详细阐述。总的来说，各林分类型乔木层生物量在各器官分配的比例随林分指标的变化呈现明显的规律性，且变化趋势并不相同（表7-3）。

表7-3 乔木层生物量各器官分配比例与林分指标的相关关系

地区	林分类型	林分平均直径				林分平均高	
		树干	树根	树枝	树叶	树干	树根
黑龙江省大兴安岭	白桦林	-0.759**	-0.759**	0.840**	0.426**	-0.595**	-0.632**
	阔叶混交林	-0.519**	-0.627**	0.697**	-0.293**	0.137**	-0.371**
	落叶松林	-0.517**	0.641**	-0.175**	-0.764**	-0.432**	0.542**
	杨桦林	-0.431**	-0.161**	0.777**	0.181**	-0.265**	-0.207**
	针阔混交林	-0.450**	-0.078**	0.529**	-0.384**	-0.209**	-0.029ns
	针叶混交林	0.282**	-0.271**	0.153**	-0.055ns	0.372**	-0.291**
吉林省长白山	白桦林	-0.682**	-0.705**	0.793**	0.085ns	-0.508**	-0.473**
	阔叶混交林	-0.072**	-0.500**	0.461**	-0.624**	-0.065**	-0.356**
	落叶松林	-0.614**	0.675**	-0.284**	-0.727**	-0.556**	0.570**
	落叶松人工林	0.871**	0.597**	-0.826**	-0.928**	0.679**	0.522**
	山杨林	-0.325**	-0.647**	0.751**	-0.313**	-0.239**	-0.426**
	柞树林	-0.704**	-0.776**	0.757**	-0.792**	-0.541**	-0.592**
	杨桦林	-0.583**	-0.455**	0.738**	0.111ns	-0.454**	-0.249**
	针阔混交林	-0.134**	-0.045ns	0.368**	-0.449**	-0.057*	0.019ns
	针叶混交林	-0.002ns	0.435**	-0.260**	-0.634**	-0.010ns	0.475**
黑龙江省小兴安岭、长白山	白桦林	-0.745**	-0.824**	0.863**	0.504**	-0.486**	-0.609**
	黑桦林	-0.629**	-0.828**	0.791**	-0.712**	-0.297**	-0.473**
	红松人工林	-0.695**	-0.283*	0.638**	0.142ns	-0.534**	-0.114ns
	阔叶混交林	-0.235**	-0.626**	0.653**	-0.555**	-0.076**	-0.415**
	落叶松林	-0.372**	0.541**	-0.242**	-0.797**	-0.188ns	0.348**
	落叶松人工林	0.942**	0.642**	-0.892**	-0.933**	0.775**	0.697**
	山杨林	-0.666**	-0.239**	0.822**	0.250**	-0.593**	0.011ns

续表

地区	林分类型	林分平均直径				林分平均高	
		树干	树根	树枝	树叶	树干	树根
黑龙江省 小兴安岭、长白山	杨树人工林	−0.918**	−0.915**	0.986**	−0.975**	−0.804**	−0.766**
	柞树林	−0.814**	−0.859**	0.848**	−0.843**	−0.645**	−0.680**
	樟子松人工林	0.714**	−0.778**	0.349**	−0.561**	0.529**	−0.526**
	针阔混交林	−0.255**	−0.172**	0.520**	−0.457**	0.051ns	−0.058ns
	针叶混交林	−0.085ns	0.169*	0.097ns	−0.513**	0.109ns	0.149*

地区	林分类型	林分平均高		林分密度			
		树枝	树叶	树干	树根	树枝	树叶
黑龙江省 大兴安岭	白桦林	0.687**	0.370**	0.342**	0.248**	−0.308**	−0.256**
	阔叶混交林	0.099*	−0.361**	0.335**	0.283**	−0.368**	−0.021ns
	落叶松林	−0.127**	−0.637**	0.033ns	−0.320**	0.363**	0.335**
	杨桦林	0.626**	0.138**	0.186**	0.134**	−0.360**	−0.201**
	针阔混交林	0.287**	−0.232**	0.260**	0.040ns	−0.269**	0.137**
	针叶混交林	0.010ns	−0.076ns	−0.016ns	0.168**	−0.219**	−0.241**
吉林省 长白山	白桦林	0.552**	0.133**	0.344**	0.118*	−0.281**	−0.006ns
	阔叶混交林	0.351**	−0.431**	0.055**	0.198**	−0.222**	0.309**
	落叶松林	−0.199**	−0.587**	0.042ns	−0.348**	0.443**	0.379**
	落叶松人工林	−0.645**	−0.768**	−0.381**	−0.195**	0.338**	0.413**
	山杨林	0.511**	−0.172**	0.119*	0.351**	−0.336**	0.157**
	柞树林	0.579**	−0.604**	0.417**	0.477**	−0.456**	0.506**
	杨桦林	0.500**	0.092ns	0.215ns	0.213ns	−0.314**	0.000ns
	针阔混交林	0.203**	−0.422**	0.101**	−0.033ns	−0.179**	0.306**
	针叶混交林	−0.333**	−0.656**	0.011ns	−0.283**	0.181**	0.354**
黑龙江省 小兴安岭、长白山	白桦林	0.607**	0.427**	0.179**	0.072ns	−0.142**	0.030ns
	黑桦林	0.426**	−0.417**	0.111ns	0.346**	−0.281**	0.210*
	红松人工林	0.490**	0.035ns	0.354*	−0.081	−0.294*	0.145ns
	阔叶混交林	0.399**	−0.296**	0.176**	0.269**	−0.339**	0.221**
	落叶松林	−0.165ns	−0.530**	−0.003ns	−0.215ns	0.354**	0.245*
	落叶松人工林	−0.767**	−0.853**	−0.563**	−0.306**	0.543**	0.517**
	山杨林	0.642**	0.404**	0.205*	0.327**	−0.348**	0.156ns
	杨树人工林	0.860**	−0.863**	0.413**	0.394**	−0.416**	0.422**
	柞树林	0.673**	−0.670**	0.619**	0.635**	−0.633**	0.646**
	樟子松人工林	0.076ns	−0.518**	−0.555**	0.611**	−0.185**	0.438**
	针阔混交林	0.202**	−0.454**	0.196**	−0.146**	−0.187**	0.380**
	针叶混交林	−0.107ns	−0.499**	0.183*	−0.172*	−0.008ns	0.180*

注：ns 为 $P>0.05$；*$P<0.05$；**$P<0.01$

7.3 东北林区主要林分类型生物量根茎比

7.3.1 主要林分类型生物量根茎比统计

本研究分析了东北林区各林分类型的根茎比（表 7-4）。由表 7-4 可知，不同林分类型的根茎比存在一定的差异，其平均值为 0.280。其中，黑龙江省大兴安岭林区落叶松林根茎比最大（0.351），杨桦林根茎比最小（0.257），其平均值为 0.300；吉林省长白山林区落叶松林根茎比最大（0.370），山杨林根茎比最小（0.221），其平均值为 0.275；黑龙江省小兴安岭、长白山林区落叶松林根茎比最大（0.338），山杨林根茎比最小（0.210），其平均值为 0.274（表 7-4）。

表 7-4 东北林区根茎比按林分类型统计

地区	林分类型	R/S Mean	R/S Std	组别
黑龙江省 大兴安岭	白桦林	0.3126	0.0288	a
	阔叶混交林	0.2755	0.0337	b
	落叶松林	0.3507	0.0260	c
	杨桦林	0.2567	0.0353	d
	针阔混交林	0.3228	0.0291	e
	针叶混交林	0.2841	0.0531	f
吉林省 长白山	白桦林	0.2755	0.0202	a
	阔叶混交林	0.2516	0.0288	b
	落叶松林	0.3697	0.0298	c
	落叶松人工林	0.2489	0.0219	b
	山杨林	0.2207	0.0345	d
	柞树林	0.2511	0.0341	b
	杨桦林	0.2514	0.0220	b
	针阔混交林	0.2887	0.0321	e
	针叶混交林	0.3183	0.0456	f
黑龙江省 小兴安岭、长白山	白桦林	0.3021	0.0277	a
	黑桦林	0.2610	0.0376	d
	红松人工林	0.2941	0.0366	ab
	阔叶混交林	0.2668	0.0353	d
	落叶松林	0.3378	0.0429	e
	落叶松人工林	0.2425	0.0261	f
	山杨林	0.2098	0.0165	g
	杨树人工林	0.2969	0.0071	ac

续表

地区	林分类型	R/S Mean	R/S Std	组别
黑龙江省 小兴安岭、长白山	柞树林	0.2757	0.0431	h
	樟子松人工林	0.2257	0.0357	i
	针阔混交林	0.2864	0.0297	b
	针叶混交林	0.2941	0.0303	bc

注：R/S 为根茎比。Mean 和 Std 分别代表平均值和标准差。不同地区同列不同小写英文字母表示在 0.05 水平上差异显著

7.3.2 林分因素对生物量根茎比的影响

由图 7-1 可以看出，黑龙江省大兴安岭林区绝大多数林分类型根茎比与林分平均直径、林分平均高和林分密度存在极显著的相关关系，但与林分密度关系较为微弱，且绝大多数林分类型的根茎比随林分平均直径和林分平均高的增加而极显著减小，随林分密度的增加而增加（图 7-1）。与此类似，吉林省长白山林区和黑龙江省小兴安岭、长白山林区绝大多数各林分类型根茎比与一系列林分指标（林分平均直径、林分平均高和林分密度）存在显著的相关关系，且绝大多数林分类型的根茎比随林分平均直径和林分平均高的增加而显著减小，随林分密度的增加而增加（图 7-2，图 7-3）。总的来说，东北林区各主要林分类型根茎比与林分平均直径关系较为密切，与林分密度关系较差。

7.3.3 主要林分类型地上生物量与地下生物量关系

基于东北林区全部固定样地数据，分林分类型建立地下生物量与地上生物量的关系（$W_r = a + b \cdot W_a$，其中 W_r 为地下生物量，W_a 为地上生物量）。结果表明，地下生物量与地上生物量存在显著的线性关系，地上生物量能解释地下生物量总变异的 0.95。地上生物量的解释能力在不同地区不同林分类型间存在一定的差异，具体为黑龙江省大兴安岭林区各林分类型地上生物量的解释量为 81%~98%，吉林省长白山林区各林分类型地上生物量的解释量为 93%~99%，黑龙江省小兴安岭、长白山林区各林分类型地上生物量的解释量为 85%~99%。从表 7-5 可知，不同林分类型的截距（参数 a）存在显著差异，其变化范围为-1.3~1.1（黑龙江省大兴安岭林区），-3.1~9.4（吉林省长白山林区），-1.9~5.0（黑龙江省小兴安岭、长白山林区）。不同林分类型的斜率（参数 b）也存在显著差异，其变化范围为 0.25~0.38（黑龙江省大兴安岭林区），0.18~0.41（吉林省长白山林区），0.20~0.37（黑龙江省小兴安岭、长白山林区）。

第 7 章　东北林区主要林分类型生物量分配及根茎比 | 113

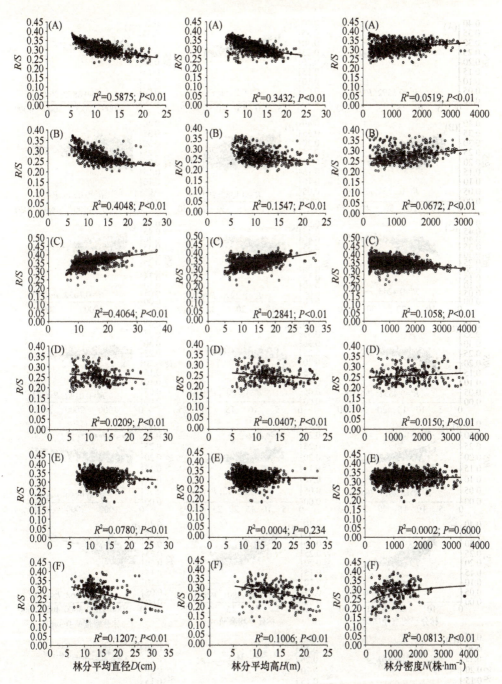

图 7-1　黑龙江省大兴安岭林区各林分类型生物量根茎比随林分指标的变化
（A）白桦；（B）阔叶混交林；（C）落叶松林；（D）杨桦林；（E）针阔混交林；（F）针叶混交林

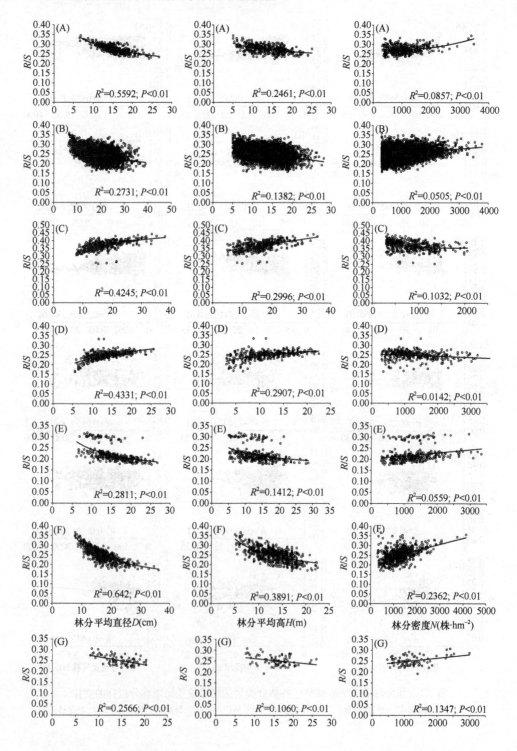

第 7 章　东北林区主要林分类型生物量分配及根茎比 | 115

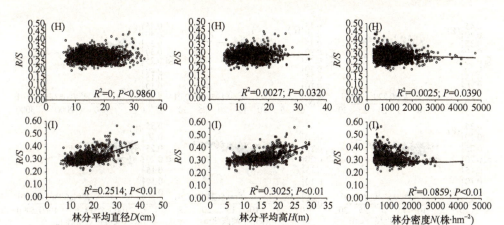

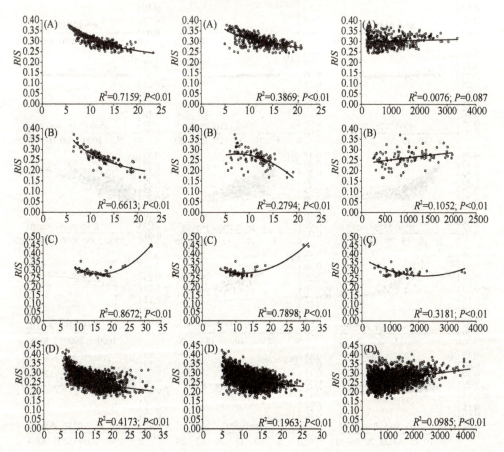

图 7-2　吉林省长白山林区各林分类型生物量根茎比随林分指标的变化
（A）白桦林；（B）阔叶混交林；（C）落叶松林；（D）落叶松人工林；（E）山杨林；（F）柞树林；（G）杨桦林；
（H）针阔混交林；（I）针叶混交林

116 | 东北林区主要树种及林分类型生物量模型

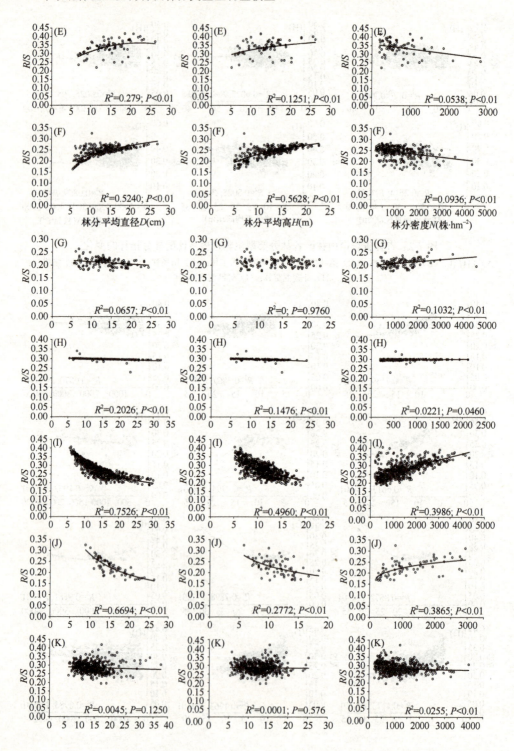

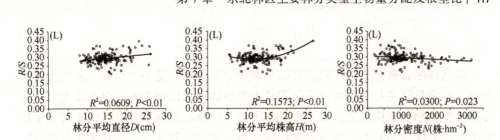

图 7-3 黑龙江省小兴安岭、长白山林区各林分类型生物量根茎比随林分指标的变化

(A) 白桦林；(B) 黑桦林；(C) 红松人工林；(D) 阔叶混交林；(E) 落叶松林；(F) 落叶松人工林；(G) 山杨林；(H) 杨树人工林；(I) 柞树林；(J) 樟子松人工林；(K) 针阔混交林；(L) 针叶混交林

表 7-5 不同林分类型地下与地上生物量的关系

地区	林分类型	参数		R^2	RMSE
		a	b		
黑龙江省大兴安岭	白桦林	0.4565	0.2951	0.975	1.48
	阔叶混交林	1.0574	0.2513	0.958	2.01
	落叶松林	-1.3342	0.3757	0.981	2.16
	杨桦林	-0.0267	0.2571	0.937	2.66
	针阔混交林	0.0055	0.3225	0.949	2.57
	针叶混交林	0.5087	0.2747	0.807	5.11
吉林省长白山	白桦林	2.7192	0.2412	0.979	1.57
	阔叶混交林	3.8586	0.2097	0.930	3.28
	落叶松林	-2.6820	0.4075	0.987	2.86
	落叶松人工林	-0.8436	0.2673	0.990	1.09
	山杨林	2.5255	0.1866	0.969	2.01
	柞树林	9.3890	0.1787	0.940	3.67
	杨桦林	1.4616	0.2329	0.960	2.12
	针阔混交林	0.7967	0.2799	0.936	3.87
	针叶混交林	-3.1150	0.3534	0.927	6.37
黑龙江省小兴安岭、长白山	白桦林	0.8722	0.2715	0.986	1.00
	黑桦林	2.2553	0.2008	0.923	1.83
	红松人工林	-1.8791	0.3171	0.852	4.21
	阔叶混交林	2.6680	0.2212	0.930	2.66
	落叶松林	-1.3248	0.3708	0.967	3.32
	落叶松人工林	-0.8685	0.2664	0.989	0.99
	山杨林	0.0770	0.2083	0.985	1.16
	杨树人工林	0.1268	0.2911	0.998	0.37
	柞树林	4.9927	0.2075	0.931	2.90
	樟子松人工林	1.7438	0.1984	0.865	2.54
	针阔混交林	0.7659	0.2725	0.948	2.86
	针叶混交林	-1.2840	0.3135	0.948	2.83

7.4 讨 论

东北林区各林分类型不同器官的生物量分配比例也是不一样的。本研究结果表明，东北林区各林分类型树干生物量占总生物量的比例最大，黑龙江省大兴安岭林区各林分类型树干生物量所占百分比为 64.1%，吉林省长白山林区树干生物量所占百分比为 63.1%，黑龙江省小兴安岭、长白山林区树干生物量所占百分比为 62.8%。已有的研究结果表明（罗云建等，2013），不同林分类型树干生物量占总生物量的百分比为 37.5%~84%，本研究结果与之一致。大部分林分类型，其树根生物量占总生物量的百分比一般不超过 30%（罗云建等，2013；Cairns et al.，1997），本研究各林分类型树根生物量占总生物量的平均百分比为 21.8%，与之相符。许多研究报道，地上生物量与地下生物量存在一个显著的线性关系（罗云建等，2013；Wang et al.，2008）。在本研究中，东北林区各林分类型地上生物量与地下生物量有着显著的线性关系，且各林分类型的平均根茎比基本上与之前研究的林分类型一致（0.25~0.31）（罗云建等，2013；Wang et al.，2008；Cairns et al.，1997）。总的来说，树干和树根生物量占总生物量的百分比较大。因此，各林分类型树干生物量和树根生物量模型拟合的好与坏对总生物量的估计至关重要。

许多研究表明（罗云建等，2013；Wang et al.，2008；Mokany et al.，2006；Cairns et al.，1997），不同林分类型乔木层生物量在各器官分配的比例、根茎比随林分指标（林分平均直径、林分平均高和林分密度）的变化呈现明显的规律性，且变化趋势并不相同，本研究与之相符。

7.5 本章小结

本章利用东北林区 27 个林分类型林分生物量数据（黑龙江省大兴安岭林区 6 个林分类型、吉林省长白山林区 9 个林分类型和黑龙江小兴安岭、长白山林区 12 个林分类型），详细描述了不同林分类型各器官生物量分配比例和根茎比的大小，并分析各器官生物量分配比例、根茎比与林分指标的变化规律。可以得到以下结论。

(1) 各林分类型生物量分配给树干、树枝、树叶和树根的比例存在巨大的差异，其平均值分别为 63.2%、11.7%、3.3%和 21.8%。黑龙江省大兴安岭林区各林分类型树干、树根、树枝和树叶的分配比例平均值分别为 64.1%、23.0%、10.2%和 2.7%；吉林省长白山林区各林分类型树干、树根、树枝和树叶的分配比例平均值分别为 63.1%、21.4%、12.5%和 3.0%；黑龙江省小兴安岭、长白山林区各林分类型树干、树根、树枝和树叶的分配比例平均值分别为 62.8%、21.4%、11.9%和

3.9%。

（2）黑龙江省大兴安岭林区、吉林省长白山林区和黑龙江省小兴安岭、长白山林区各林分类型生物量分配比例与林分平均直径、林分平均高和林分密度也有明显相关规律性，且变化趋势并不相同。

（3）不同林分类型的根茎比存在一定的差异，其平均值为 0.280。其中，黑龙江省大兴安岭林区根茎比平均值为 0.300；吉林省长白山林区根茎比平均值为 0.275；黑龙江省小兴安岭、长白山林区根茎比平均值为 0.274。

（4）黑龙江省大兴安岭林区绝大多数林分类型根茎比与林分平均直径、林分平均高和林分密度存在显著的相关关系，但与林分密度关系较为微弱，且绝大多数林分类型的根茎比随林分平均直径和林分平均高的增加而显著减小，随林分密度的增加而增加；吉林省长白山林区和黑龙江省小兴安岭、长白山林区绝大多数各林分类型根茎比与一系列林分指标（林分平均直径、林分平均高和林分密度）也存在显著的相关关系，且绝大多数林分类型的根茎比随林分平均直径和林分平均高的增加而显著减小，随林分密度的增加而增加。

（5）各林分类型地下生物量与地上生物量存在显著的线性关系，地上生物量能解释地下生物量总变异的 0.95。地上生物量的解释能力在不同地区不同林分类型间存在一定的差异。

第8章 东北林区主要林分类型生物量估算模型研究

8.1 数　据

本部分所用数据来自于黑龙江省大兴安岭林区、吉林省长白山林区和黑龙江省小兴安岭、长白山林区主要林分类型 21 041 块固定样地数据。利用本研究所建立的生物量模型计算各固定样地的生物量，生物量统计信息详见表 7-1，林分信息详见表 2-2。

8.2 生物量-林分变量模型

8.2.1 生物量-林分变量模型构建方法

8.2.1.1 模型变量选择

本研究所使用的东北林区主要林分类型固定样地数据所包含的林分变量有：每公顷株数（N，株·hm^{-2}）、每公顷断面积（G，$m^2·hm^{-2}$），林分平均直径（D_q，cm），林分优势树种平均直径（D_g，cm）和林分平均高（H，m）。考虑到模型的复杂程度和模型拟合优度，本研究以以上变量为基础来构建东北林区主要林分类型林分生物量-林分变量模型（stand biomass equations including stand variable，SBESV）。

8.2.1.2 可加性生物量模型构造

与单木生物量模型一样，林分总生物量也应当等于各分项生物量之和。为了满足这一基本的逻辑关系。本研究林分生物量模型采用聚合型可加性生物量模型来进行构建。以下两个模型系统被用来构建东北林区生物量-林分变量模型。

（1）假定误差结构是相加的，非线性可加性生物量模型如下：

$$\begin{cases} W_i = a_{i0} \cdot X_j^{a_{ij}} + \varepsilon_i \\ W_c = W_b + W_f + \varepsilon_c \\ W_a = W_s + W_b + W_f + \varepsilon_a \\ W_t = W_r + W_s + W_b + W_f + \varepsilon_t \end{cases} \quad (8\text{-}1)$$

(2) 假定误差结构是相乘的，对数转换的可加性生物量模型如下：

$$\begin{cases} \ln W_i = a_{i0} + a_{ij}\ln X_j + \varepsilon_i \\ \ln W_c = \ln(W_b + W_f) + \varepsilon_c \\ \ln W_a = \ln(W_s + W_b + W_f) + \varepsilon_a \\ \ln W_t = \ln(W_r + W_s + W_b + W_f) + \varepsilon_t \end{cases} \quad (8\text{-}2)$$

式中，W_i 为第 i 分项生物量（$t\cdot hm^{-2}$），i 为 r、s、b 和 f。t、a、r、s、b、f 和 c 分别代表总量、地上、地下、树干、树枝、树叶和树冠。X_j 为林分变量（如 G、H 等），a_{i0}、a_{ij} 为模型参数，ln 为自然对数，ε_i 为模型误差项。

利用以上林分变量与林分生物量进行相关性分析，结果表明，每公顷断面积（G）与林分平均高（H）是预测林分生物量的最优变量。因此，本研究以这两个变量为基础构建林分生物量-林分变量生物量模型。需要说明的是，对于某些林分类型生物量（如黑龙江省大兴安岭林区针叶混交林树根生物量、吉林省长白山林区落叶松林树叶生物量）来说，每公顷平均高未能通过模型参数检验，因此其生物量模型只有每公顷断面积及这一个变量。

以上两个可加性生物量模型用 SAS/ETS 模块的 SUR 进行拟合。

8.2.1.3 模型评价指标

本研究林分生物量-林分变量模型采用以下 5 个指标作为基本评价指标：调整后确定系数（R_a^2）、均方根误差（RMSE）、平均预测误差百分比（MPE%）、平均绝对误差百分比（MAE%）和预测精度（P%），具体计算公式见第 4 章式（4-22）~式（4-29），第 6 章式（6-9）。

8.2.2 东北林区主要林分类型生物量-林分变量模型

8.2.2.1 东北地区主要林分类型生物量-林分变量模型误差结构分析

对东北林区各主要林分类型生物量-林分变量模型进行自变量选取，且考虑模型的复杂性及与遥感信息的连接性问题，本研究选用每公顷断面积为第一变量，每公顷平均高为第二变量来构建模型，但黑龙江省大兴安岭林区针叶混交林树根生物量模型、吉林省长白山林区落叶松林树叶生物量模型和黑龙江省小兴安岭、长白山林区樟子松人工林树根、树叶生物量模型将林分平均高添加到模型后并不能显著提高模型的拟合效果，或林分平均高参数不能通过 t 检验。因此，这些林分类型的分项生物量模型只有每公顷断面积一个变量。

与构建单木生物量模型类似，本研究分别用假设误差结构为相加型及假设误差结构为相乘型的异速生长方程公式拟合各林分类型总量及各分项生物量数据，获取了非线性模型的 AICc$_{norm}$ 和对数转换线性模型的 AICc$_{ln}$，用 ΔAICc（AICc$_{norm}$-AICc$_{ln}$）表示两种模型 AICc 值的不同（表 8-1）。结果表明，除山杨林树干生物量模型和红松人工林树叶生物量模型外，其余林分类型总量和各分项生物量对数转换的线性模型获得更小的 AICc，且 ΔAICc 都>2（表 8-1）。因此，可以认为各林分类型总量和各分项生物量模型的误差结构是相乘型的，对数转换的线性回归[式（8-2）]更适合用来拟合生物量数据。

表 8-1 东北林区不同林分类型生物量-林分变量模型误差结构似然分析统计信息（ΔAICc）

地区	林分类型	树根	树干	树枝	树叶	树冠	地上	总量
黑龙江省大兴安岭	白桦林	1282.09	851.40	1033.39	714.23	985.30	809.30	852.49
	阔叶混交林	337.69	264.00	524.36	336.01	504.41	349.78	345.95
	落叶松林	1620.19	1448.57	2536.85	1657.30	2487.55	1509.06	1529.09
	杨桦林	225.89	225.22	267.76	141.04	248.74	222.43	220.76
	针阔混交林	789.21	598.66	962.83	714.70	906.11	584.68	621.85
	针叶混交林	334.87	186.54	173.88	64.75	68.18	197.55	243.78
吉林省长白山	白桦林	133.16	146.47	195.06	130.58	186.54	159.37	154.97
	阔叶混交林	2727.55	2621.28	7051.22	2726.39	6579.69	3559.73	3261.47
	落叶松林	224.69	208.57	364.92	374.24	368.49	205.78	211.81
	落叶松人工林	121.76	138.72	249.63	62.31	226.35	149.18	144.83
	山杨林	195.76	−13.93	325.91	149.79	310.02	99.45	125.24
	柞树林	186.83	160.89	358.41	200.80	343.76	237.59	224.66
	杨桦林	26.38	22.68	30.85	31.99	29.24	22.19	22.70
	针阔混交林	632.21	550.88	1236.33	696.70	1123.37	604.24	556.66
	针叶混交林	413.53	500.44	759.68	388.40	672.83	536.48	477.83
黑龙江省小兴安岭、长白山	白桦林	281.46	227.66	327.35	252.03	312.58	245.92	246.63
	黑桦林	38.10	66.77	106.21	38.25	102.59	80.39	76.56
	红松人工林	28.79	29.73	23.01	−3.72	14.25	29.21	30.07
	阔叶混交林	1920.65	1600.19	3280.90	1136.20	3074.65	2030.53	1988.67
	落叶松林	98.99	81.45	99.68	24.78	92.86	86.50	91.64
	落叶松人工林	166.33	195.38	381.74	64.94	287.88	211.34	206.01
	山杨林	41.76	46.87	76.74	54.50	71.23	50.16	49.09
	杨树人工林	121.09	177.13	179.03	109.70	175.42	172.26	158.41
	柞树林	122.08	132.44	308.62	105.40	299.05	193.49	181.32
	樟子松人工林	28.08	21.16	35.58	10.59	12.43	33.75	35.53
	针阔混交林	328.19	276.69	613.55	318.34	576.38	336.11	320.49
	针叶混交林	53.35	60.71	110.50	42.64	108.80	70.40	62.32

8.2.2.2 黑龙江大兴安岭林区主要林分类型生物量-林分变量模型

各林分类型总量和各分项生物量模型的误差结构都是相乘型的，对数形式的可加性模型［式（8-2）］应被用来拟合生物量数据。由表 8-2 可以看出，所建立的大兴安岭林区 6 个林分类型可加性生物量模型中总量及各分项生物量模型的 R_a^2 均大于 0.78，RMSE 都较小。总量、地上和树干生物量模型拟合效果更好，其 R_a^2 都大于 0.90，RMSE 都小于 0.20，而绝大多数地下、树枝、树叶和树冠生物量模型有相对较小的 R_a^2 和较大的 RMSE。

用式（4-27）、式（4-29）和式（6-9）评价各林分类型可加性生物量模型。由表 8-2 可以看出，所建立的各林分类型可加性生物量中，总量、地上、树根、树干、树枝、树叶和树冠生物量模型的 MPE%为−6%~6%；绝大多数生物量模型的平均相对误差绝对值 MAE%小于 30%，只有阔叶混交林树枝和树冠生物量模型的 MAE%大于 30%，其中，绝大多数总量、地上、树干和树根生物量模型的 MAE%小于 15%，而树枝、树叶和树冠生物量模型的 MAE%较大，基本都大于 15%。总量、地上、树根和树干生物量模型的 P%在 97%以上，而树枝、树叶和树冠生物量模型的平均预测精度相对较低，但也都在 95%以上（表 8-2）。

总的来说，利用式（8-2）建立的黑龙江省大兴安岭林区 6 个林分类型总量、地上和树干生物量模型的预测精度较好，树根、树枝、树叶和树冠生物量模型的预测精度相对较差。所建立的林分生物量-林分变量模型曲线与各样本点之间具有较好的切合程度，能很好地对各林分类型生物量进行估计。

表 8-2　黑龙江省大兴安岭林区各林分类型生物量-林分变量模型拟合与检验结果

林分类型	分项	拟合结果						检验结果		
		a_{i0}	$a_{i1}(\ln G)$	$a_{i2}(\ln H)$	R_a^2	RMSE	CF	MPE%	MAE%	P%
白桦林	总量	—	—	—	0.981	0.12	—	1.25	8.17	99.33
	地上				0.977	0.13		1.30	8.79	99.28
	树根	−0.4121	1.0271	0.2407	0.987	0.09	1.0043	1.10	6.88	99.37
	树干	0.2678	1.0393	0.3472	0.985	0.10	1.0054	1.01	7.34	99.40
	树枝	−3.0340	1.0761	0.9353	0.922	0.28	1.0405	2.97	18.49	98.39
	树叶	−3.2340	1.0330	0.4978	0.969	0.15	1.0118	0.69	10.51	99.16
	树冠				0.932	0.25		2.54	16.74	98.55
阔叶混交林	总量				0.947	0.18		1.68	14.60	98.45
	地上				0.942	0.19		1.77	15.49	98.34
	树根	−0.2638	1.1175	0.0858	0.953	0.16	1.0123	1.35	13.12	98.67
	树干	0.4496	1.1443	0.2029	0.968	0.13	1.0088	1.05	10.93	98.91
	树枝	−2.2489	1.4442	0.3615	0.781	0.47	1.1178	5.29	43.00	95.67
	树叶	−2.5301	1.1527	0.1284	0.930	0.19	1.0189	−1.27	16.56	98.21
	树冠				0.803	0.42		4.32	37.74	96.06

续表

林分类型	分项	拟合结果						检验结果		
		a_{i0}	$a_{i1}(\ln G)$	$a_{i2}(\ln H)$	R_a^2	RMSE	CF	MPE%	MAE%	P%
落叶松林	总量	—	—	—	0.958	0.16	—	1.05	11.47	99.31
	地上	—	—	—	0.963	0.15	—	1.17	10.63	99.36
	树根	−1.1579	1.0676	0.5450	0.940	0.20	1.0197	0.71	14.30	99.15
	树干	0.0928	1.0536	0.4248	0.961	0.15	1.0118	0.71	10.99	99.35
	树枝	−2.0040	1.0918	0.3687	0.944	0.19	1.0185	4.58	13.30	98.98
	树叶	−1.8690	1.0085	−0.0696	0.978	0.16	1.0052	2.29	6.28	99.51
	树冠	—	—	—	0.958	0.16	—	4.09	10.88	99.14
杨桦林	总量	—	—	—	0.973	0.15	—	2.46	11.34	98.46
	地上	—	—	—	0.976	0.14	—	2.38	10.24	98.53
	树根	−0.5112	1.0972	0.1204	0.942	0.22	1.0245	2.78	18.21	97.81
	树干	0.3440	1.0496	0.2995	0.982	0.12	1.0069	1.93	8.51	98.78
	树枝	−3.2182	1.1719	0.8042	0.913	0.34	1.0594	5.19	26.95	96.32
	树叶	−3.2007	1.0800	0.3476	0.949	0.21	1.0219	1.83	16.65	97.93
	树冠	—	—	—	0.920	0.31	—	4.59	24.53	96.64
针阔混交林	总量	—	—	—	0.946	0.14	—	1.10	11.49	99.28
	地上	—	—	—	0.949	0.14	—	1.65	11.08	99.30
	树根	−0.4115	1.0656	0.2448	0.920	0.18	1.0158	−0.62	14.33	99.10
	树干	0.5216	1.0612	0.2512	0.953	0.13	1.0090	0.87	10.62	99.35
	树枝	−2.0536	1.1096	0.4599	0.858	0.26	1.0341	6.10	18.44	98.41
	树叶	−2.4556	1.0192	0.1740	0.939	0.14	1.0105	3.30	10.05	99.24
	树冠	—	—	—	0.880	0.23	—	5.57	16.07	98.61
针叶混交林	总量	—	—	—	0.927	0.17	—	1.51	13.52	98.20
	地上	—	—	—	0.929	0.17	—	2.34	13.14	98.31
	树根	−0.2829	1.1803	—	0.856	0.25	1.0309	−1.41	21.21	97.19
	树干	0.4386	1.1777	0.1303	0.919	0.19	1.0177	2.11	14.68	98.19
	树枝	−1.3029	1.0698	0.1592	0.913	0.18	1.0168	2.53	13.93	98.01
	树叶	−1.6715	0.8387	0.1810	0.829	0.22	1.0255	6.21	17.96	97.79
	树冠	—	—	—	0.917	0.17	—	3.54	12.64	98.36

注：CF 为校正系数，其计算公式为式 (6-10)

8.2.2.3 吉林省长白山林区主要林分类型生物量-林分变量模型

由表 8-3 可知，所有生物量模型的 R_a^2 均大于 0.80。总量、地上和树干生物量模型拟合效果更好，其 R_a^2 基本都大于 0.90，RMSE 都小于 0.20，而树枝、树叶和树冠生物量模型有着相对较小的 R_a^2 和较大的 RMSE（表 8-3）。总的来说，选用对数转换的可加性模型不仅能很好地拟合生物量数据，还能消除模型的异方差。

表 8-3 给出了吉林省长白山林区主要林分类型对数转换的可加性生物量模型检验结果。结果表明：绝大多数模型的 MPE%为-5%~5%，且会略低估生物量值。总量、地上和树干生物量模型的 MAE%较小，绝大多数都小于 15%，而树枝、树叶、树冠和树根生物量模型的 MAE%较大，绝大多数都在 15%以上，柞树林树枝生物量模型的 MAE%甚至达到了 28%。总量、地上、树根和树干生物量模型的 P%都大于 98%，而树枝、树叶和树冠生物量模型的平均预测精度相对较低，但也都在 95%以上（表 8-3）。总的来说，本研究利用式（8-2）所建立的吉林省长白山林区各林分类型生物量模型曲线与各样本点之间具有较好的切合程度，所建立的可加性生物量模型能很好地对吉林省长白山林区各林分类型生物量进行估计。

表 8-3 吉林省长白山林区各林分类型生物量-林分变量模型拟合与检验结果

林分类型	分项	拟合结果						检验结果		
		a_{i0}	$a_{i1}(\ln G)$	$a_{i2}(\ln H)$	R_a^2	RMSE	CF	MPE%	MAE%	P%
白桦林	总量	—	—	—	0.971	0.09	—	0.93	7.50	98.99
	地上	—	—	—	0.967	0.10	—	1.00	8.16	98.90
	树根	-0.2469	1.0385	0.1678	0.981	0.07	1.0026	0.66	5.79	99.24
	树干	0.5935	1.0710	0.2123	0.978	0.08	1.0033	0.70	6.48	99.13
	树枝	-2.0401	1.1975	0.5170	0.899	0.22	1.0234	2.33	17.00	97.70
	树叶	-2.5758	1.0723	0.2652	0.961	0.11	1.0063	0.57	8.97	98.84
	树冠	—	—	—	0.912	0.19	—	2.03	15.27	97.93
阔叶混交林	总量	—	—	—	0.941	0.14	—	3.30	10.51	99.63
	地上	—	—	—	0.936	0.15	—	3.72	11.12	99.59
	树根	-0.4452	1.0508	0.2023	0.942	0.13	1.0079	1.58	9.99	99.67
	树干	0.3371	1.1168	0.2624	0.953	0.12	1.0073	2.12	9.39	99.69
	树枝	-1.9705	1.1902	0.4852	0.806	0.31	1.0483	10.64	22.10	98.96
	树叶	-2.1578	1.0120	0.1420	0.920	0.14	1.0096	0.70	10.93	99.63
	树冠	—	—	—	0.826	0.27	—	9.20	19.74	99.09
落叶松林	总量	—	—	—	0.964	0.14	—	-0.07	11.92	98.70
	地上	—	—	—	0.971	—	—	0.11	10.57	98.84
	树根	-0.6894	1.1786	0.3055	0.944	0.19	1.0179	-0.55	15.93	98.30
	树干	0.4432	1.1418	0.2391	0.967	0.14	1.0093	-0.23	11.40	98.76
	树枝	-1.6654	1.1785	0.1816	0.968	0.14	1.0094	2.48	10.68	98.55
	树叶	-2.0135	1.0014	—	0.979	0.09	1.0042	2.00	7.00	98.89
	树冠	—	—	—	0.977	0.11	—	2.39	8.46	98.79

续表

林分类型	分项	拟合结果						检验结果		
		a_{i0}	$a_{i1}(\ln G)$	$a_{i2}(\ln H)$	R_a^2	RMSE	CF	MPE%	MAE%	P%
落叶松人工林	总量	—	—	—	0.970	0.14	—	−0.90	11.62	98.53
	地上	—	—	—	0.973	0.13	—	−0.76	10.87	98.61
	树根	−1.4632	1.2119	0.3528	0.954	0.19	1.0173	−1.44	15.22	98.13
	树干	−0.1083	1.1736	0.3354	0.964	0.16	1.0128	−1.08	13.26	98.36
	树枝	−1.1795	1.0325	0.1253	0.981	0.10	1.0046	0.47	7.67	98.79
	树叶	−0.8614	0.8551	−0.2166	0.935	0.14	1.0092	2.39	11.09	98.55
	树冠	—	—	—	0.987	0.07	—	0.97	5.72	99.08
山杨林	总量	—	—	—	0.954	0.16	—	−0.92	13.16	98.23
	地上	—	—	—	0.943	0.18	—	−1.07	14.85	98.09
	树根	−0.8006	1.1263	0.1451	0.979	0.10	1.0050	−0.22	8.17	98.72
	树干	0.4894	1.1040	0.1978	0.936	0.19	1.0175	−1.91	14.41	98.39
	树枝	−2.6912	1.3378	0.4917	0.903	0.28	1.0409	2.60	23.61	95.72
	树叶	−2.8519	1.1403	0.1806	0.956	0.14	1.0105	1.10	11.58	98.34
	树冠	—	—	—	0.914	0.25	—	2.36	20.96	96.18
柞树林	总量	—	—	—	0.938	0.13	—	1.00	10.99	98.88
	地上	—	—	—	0.926	0.15	—	1.15	12.54	98.73
	树根	−0.3279	1.0583	0.2043	0.979	0.07	1.0022	0.38	5.34	99.44
	树干	0.2643	1.1009	0.3379	0.962	0.10	1.0048	0.28	8.12	99.21
	树枝	−3.2822	1.2896	1.0601	0.812	0.33	1.0570	3.64	28.47	97.26
	树叶	−2.3560	1.0718	0.1953	0.973	0.08	1.0029	−0.50	6.28	99.35
	树冠	—	—	—	0.830	0.30	—	3.20	25.21	97.50
杨桦林	总量	—	—	—	0.898	0.16	—	2.53	12.12	98.83
	地上	—	—	—	0.896	0.16	—	2.65	12.61	98.93
	树根	−0.6248	1.0730	0.2204	0.895	0.15	1.0113	2.06	11.65	97.88
	树干	0.2868	1.0604	0.3286	0.910	0.14	1.0100	1.96	11.20	98.64
	树枝	−3.1077	1.2524	0.7526	0.818	0.28	1.0391	6.05	21.98	98.06
	树叶	−3.1265	1.1672	0.2976	0.885	0.17	1.0148	2.26	13.46	98.81
	树冠	—	—	—	0.830	0.26	—	5.40	20.11	98.85
针阔混交林	总量	—	—	—	0.950	0.14	—	1.99	10.68	99.34
	地上	—	—	—	0.952	0.13	—	1.96	10.55	99.34
	树根	−0.8462	1.0732	0.3421	0.921	0.17	1.0150	2.11	13.63	99.15
	树干	0.2402	1.1031	0.2898	0.952	0.13	1.0088	1.39	10.54	99.36
	树枝	−1.8582	1.1936	0.3306	0.890	0.22	1.0253	5.20	16.69	98.72
	树叶	−1.7675	1.0795	−0.0600	0.896	0.17	1.0151	1.06	14.41	99.11
	树冠	—	—	—	0.904	0.20	—	4.36	14.77	98.89

续表

林分类型	分项	拟合结果						检验结果		
		a_{i0}	$a_{i1}(\ln G)$	$a_{i2}(\ln H)$	R_a^2	RMSE	CF	MPE%	MAE%	P%
针叶混交林	总量	—	—	—	0.951	0.15	—	-1.27	11.87	98.85
	地上	—	—	—	0.951	0.15	—	-1.64	11.85	98.82
	树根	-1.3520	1.1336	0.4833	0.929	0.19	1.0181	-0.16	15.47	98.62
	树干	-0.0931	1.1331	0.3707	0.942	0.16	1.0132	-2.19	13.19	98.72
	树枝	-1.4405	1.1259	0.2045	0.926	0.18	1.0159	0.83	14.01	98.33
	树叶	-1.0147	1.0057	-0.1883	0.874	0.19	1.0182	0.99	16.11	98.50
	树冠	—	—	—	0.937	0.15	—	0.87	12.23	98.60

注：CF 为校正系数，其计算公式为式（6-10）

8.2.2.4 黑龙江省小兴安岭、长白山林区主要林分类型生物量-林分变量模型

表 8-4 给出了黑龙江省小兴安岭、长白山林区各林分类型生物量-林分变量模型拟合与检验结果。由表 8-4 可以看出，所建立的黑龙江省小兴安岭、长白山林区各林分类型生物量模型的 R_a^2 均大于 0.80。总量、树干和地上生物量的 R_a^2 都大于 0.92，绝大多数模型的 RMSE 都小于 0.20，而树枝、树叶和树冠生物量模型有着相对较小的 R_a^2 和较大的 RMSE。绝大多数模型的 MPE%为-10%~10%，且会略低估生物量值。总量、地上和树干生物量模型的 MAE%较小，绝大多数都小于 10%，而树枝、树叶、树冠和地下生物量模型的 MAE%较大，绝大多数都在 10%以上。总量、地上和树干生物量模型的 P%都大于 93%，而树枝、树叶和树冠生物量模型的平均预测精度相对较低，但也都在 89%以上（表 8-4）。总的来说，本研究利用式（8-2）所建立的黑龙江省小兴安岭、长白山林区各林分类型生物量模型曲线与各样本点之间具有较好的切合程度，所建立的可加性生物量模型能很好地对黑龙江省小兴安岭、长白山林区各林分类型生物量进行估计。

表 8-4 黑龙江省小兴安岭、长白山林区各林分类型生物量-林分变量模型拟合与检验结果

林分类型	分项	拟合结果						检验结果		
		a_{i0}	$a_{i1}(\ln G)$	$a_{i2}(\ln H)$	R_a^2	RMSE	CF	MPE%	MAE%	P%
白桦林	总量	—	—	—	0.982	0.12	—	0.58	8.62	98.78
	地上	—	—	—	0.978	0.13	—	0.66	9.51	98.65
	树根	-0.3145	1.0038	0.2135	0.990	0.08	1.0034	0.29	6.15	99.09
	树干	0.3944	1.0260	0.3066	0.986	0.10	1.0053	0.29	7.51	98.96
	树枝	-2.6980	1.0921	0.8084	0.921	0.29	1.0434	2.47	20.84	97.01
	树叶	-3.0617	1.0479	0.4314	0.973	0.15	1.0112	0.53	10.85	98.51
	树冠	—	—	—	0.933	0.26	—	2.12	18.68	97.31

续表

林分类型	分项	拟合结果						检验结果		
		a_{i0}	$a_{i1}(\ln G)$	$a_{i2}(\ln H)$	R_a^2	RMSE	CF	MPE%	MAE%	P%
黑桦林	总量	—	—	—	0.957	0.14	—	3.16	11.44	96.38
	地上	—	—	—	0.945	0.17	—	3.91	13.36	95.70
	树根	−0.157	1.0619	0.0280	0.993	0.05	1.0015	0.12	4.28	98.85
	树干	0.6626	1.1041	0.1026	0.969	0.12	1.0070	2.14	9.88	97.09
	树枝	−1.6062	1.3469	0.1808	0.827	0.38	1.0750	11.26	31.44	89.73
	树叶	−2.1240	1.0858	0.0435	0.980	0.09	1.0042	0.85	7.21	98.04
	树冠	—	—	—	0.855	0.33	—	9.59	26.27	91.10
红松人工林	总量	—	—	—	0.966	0.09	—	2.87	6.36	96.56
	地上	—	—	—	0.969	0.09	—	2.80	6.03	96.85
	树根	−0.9495	0.8703	0.5818	0.947	0.12	1.0069	3.13	9.47	94.57
	树干	0.2676	0.9755	0.3202	0.967	0.09	1.0039	2.60	6.16	96.83
	树枝	−1.9346	1.1024	0.4417	0.923	0.16	1.0136	3.57	12.91	94.58
	树叶	−2.2146	1.1750	0.2478	0.907	0.17	1.0154	3.00	12.05	95.49
	树冠	—	—	—	0.949	0.13	—	3.36	9.96	96.01
阔叶混交林	总量	—	—	—	0.944	0.16	—	3.83	12.08	99.20
	地上	—	—	—	0.936	0.18	—	4.31	13.09	99.12
	树根	−0.3790	1.0304	0.1851	0.957	0.13	1.0086	1.98	9.91	99.35
	树干	0.2773	1.0690	0.3135	0.958	0.14	1.0095	2.56	10.59	99.37
	树枝	−2.4547	1.1492	0.7023	0.804	0.38	1.0754	11.95	27.81	97.81
	树叶	−2.4078	1.0127	0.2275	0.938	0.16	1.0121	0.71	12.04	99.35
	树冠	—	—	—	0.828	0.34	—	10.21	24.29	98.09
落叶松林	总量	—	—	—	0.952	0.21	—	2.88	14.27	93.49
	地上	—	—	—	0.962	0.18	—	2.97	12.94	94.33
	树根	−1.2264	1.1166	0.5232	0.920	0.28	1.0399	2.63	19.96	90.80
	树干	0.1066	1.0990	0.3841	0.957	0.19	1.0190	2.59	13.74	94.17
	树枝	−1.6263	1.1717	0.1764	0.948	0.22	1.0240	5.89	16.54	92.45
	树叶	−1.6476	1.0015	−0.1279	0.969	0.13	1.0090	2.94	9.85	96.95
	树冠	—	—	—	0.959	0.18	—	5.29	14.01	93.85
落叶松人工林	总量	—	—	—	0.978	0.12	—	−0.29	9.41	98.51
	地上	—	—	—	0.980	0.11	—	−0.31	8.88	98.58
	树根	−2.5153	0.9571	1.0049	0.965	0.17	1.0141	−0.18	12.61	98.16
	树干	−1.0046	0.9710	0.8801	0.973	0.14	1.0103	−0.53	11.13	98.31
	树枝	−1.2814	1.0034	0.1720	0.985	0.09	1.0037	0.78	5.86	98.52
	树叶	−0.0074	1.0364	−0.7332	0.941	0.13	1.0088	1.25	10.41	98.49
	树冠	—	—	—	0.986	0.08	—	0.92	5.40	98.81

续表

林分类型	分项	拟合结果						检验结果		
		a_{i0}	$a_{i1}(\ln G)$	$a_{i2}(\ln H)$	R_a^2	RMSE	CF	MPE%	MAE%	P%
山杨林	总量	—	—	—	0.972	0.14	—	2.83	9.47	97.72
	地上	—	—	—	0.970	0.14	—	2.92	9.81	97.64
	树根	−1.1541	1.0568	0.3211	0.973	0.14	1.0095	2.37	9.98	97.78
	树干	0.4781	1.0424	0.2461	0.981	0.11	1.0060	2.07	7.99	98.17
	树枝	−3.478	1.1577	0.8782	0.880	0.39	1.0773	8.05	23.90	93.99
	树叶	−3.4718	1.0856	0.4172	0.955	0.19	1.0180	3.30	12.37	96.85
	树冠	—	—	—	0.895	0.34	—	7.21	21.29	94.59
杨树人工林	总量	—	—	—	0.996	0.06	—	0.63	4.43	98.63
	地上	—	—	—	0.996	0.06	—	0.72	4.55	98.53
	树根	−0.6918	1.0300	0.1671	0.997	0.05	1.0015	0.31	4.07	98.85
	树干	0.2787	1.0290	0.1603	0.996	0.06	1.0015	0.66	4.000	98.64
	树枝	−1.7547	1.0548	0.3622	0.989	0.11	1.0056	1.17	8.23	97.53
	树叶	−1.8596	1.0283	−0.0586	0.998	0.03	1.0006	−0.08	1.82	99.27
	树冠	—	—	—	0.993	0.08	—	0.9	6.38	98.03
柞树林	总量	—	—	—	0.939	0.16	—	1.08	12.79	98.81
	地上	—	—	—	0.926	0.19	—	1.25	14.55	98.65
	树根	−0.5257	1.0275	0.3109	0.980	0.09	1.0036	0.44	6.71	99.38
	树干	−0.0576	1.0561	0.5123	0.958	0.13	1.0088	0.44	10.33	99.06
	树枝	−4.3180	1.1751	1.5877	0.800	0.43	1.0968	4.12	33.88	97.10
	树叶	−2.5650	1.0364	0.3136	0.979	0.09	1.0038	−0.05	6.88	99.37
	树冠	—	—	—	0.824	0.37	—	3.56	28.75	97.42
樟子松人工林	总量	—	—	—	0.958	0.10	—	1.61	8.60	99.72
	地上	—	—	—	0.941	0.12	—	1.79	10.52	99.66
	树根	−0.2204	1.0066	—	0.994	0.04	1.0007	0.82	2.87	99.90
	树干	0.1837	0.9000	0.4879	0.928	0.14	1.0096	2.16	11.84	99.61
	树枝	−1.5430	0.9492	0.3706	0.960	0.10	1.0053	0.96	8.70	99.74
	树叶	−1.3764	1.0234	—	0.988	0.06	1.0016	−0.95	4.32	99.86
	树冠	—	—	—	0.980	0.07	—	0.25	6.04	99.83
针阔混交林	总量	—	—	—	0.940	0.16	—	5.25	12.44	98.32
	地上	—	—	—	0.942	0.16	—	5.16	12.24	98.32
	树根	−0.7009	0.9881	0.3599	0.918	0.19	1.0175	5.56	14.23	98.05
	树干	0.2601	1.0261	0.3501	0.947	0.15	1.0116	4.30	11.76	98.51
	树枝	−1.9813	1.1445	0.4373	0.859	0.29	1.0429	10.41	20.31	96.31
	树叶	−1.7010	1.1149	−0.1095	0.920	0.18	1.0164	1.35	14.82	98.18
	树冠	—	—	—	0.886	0.25	—	8.48	17.30	96.89

续表

林分类型	分项	拟合结果			R_a^2	RMSE	CF	检验结果		
		a_{i0}	$a_{i1}(\ln G)$	$a_{i2}(\ln H)$				MPE%	MAE%	$P\%$
针叶混交林	总量	—	—	—	0.948	0.13	—	2.32	9.75	97.95
	地上	—	—	—	0.952	0.12	—	2.40	9.40	97.98
	树根	−1.1037	1.0474	0.4537	0.914	0.17	1.0150	2.04	13.15	97.35
	树干	0.1823	1.0477	0.3411	0.949	0.13	1.0083	2.47	9.70	97.95
	树枝	−1.6295	1.0543	0.3578	0.902	0.18	1.0171	2.94	14.06	96.68
	树叶	−1.1902	0.9922	−0.1066	0.928	0.13	1.0088	−0.05	10.89	97.95
	树冠	—	—	—	0.929	0.15	—	2.12	11.56	97.31

注：CF 为校正系数，其计算公式为式（6-10）

8.3 生物量-蓄积量模型

8.3.1 生物量-蓄积量模型构建方法

本节以异速生长方程（$W=a\cdot V^b$）为基础，建立东北林区主要林分类型生物量-蓄积量模型（stand biomass equations including stand volume，SBEV）。在构建可加性生物量模型前，利用似然分析法判断各林分类型总量及各分项生物量-蓄积量异速生长方程的误差结构。结果显示：95%以上的模型误差结构为相乘型的（表 8-5），对数转换的线性回归［式（8-3）］应该被用来拟合生物量数据。

$$\begin{cases} \ln W_i = a_i + b_i \ln V + \varepsilon_i \\ \ln W_c = \ln(W_b + W_f) + \varepsilon_c \\ \ln W_a = \ln(W_s + W_b + W_f) + \varepsilon_a \\ \ln W_t = \ln(W_r + W_s + W_b + W_f) + \varepsilon_t \end{cases} \quad (8\text{-}3)$$

式中，W_i 为第 i 分项生物量（$t\cdot hm^{-2}$），i 为 r、s、b 和 f。t、a、r、s、b、f 和 c 分别代表总量、地上、地下、树干、树枝、树叶和树冠。V 为每公顷蓄积量（$m^3\cdot hm^{-2}$），a_i、b_i 为模型参数，ln 为自然对数，ε_i 为模型误差项。

与林分生物量-林分变量模型类似，本研究林分生物量-蓄积量模型也采用以下 5 个指标作为基本评价指标：调整后确定系数（R_a^2）、均方根误差（RMSE）、平均预测误差百分比（MPE%）、平均绝对误差百分比（MAE%）和预测精度（$P\%$）。

8.3.2 东北林区主要林分类型生物量-蓄积量模型

8.3.2.1 黑龙江大兴安岭林区主要林分类型生物量-蓄积量模型

表 8-6 给出了黑龙江省大兴安岭林区 6 个林分类型生物量-蓄积量模型拟合与

表 8-5　东北林区不同林分类型生物量-蓄积量模型误差结构似然分析统计信息（ΔAICc）

地区	林分类型	树干	树根	树枝	树叶	树冠	地上	总量
黑龙江省大兴安岭	白桦林	411.63	753.55	1199.45	837.94	1156.23	667.44	576.01
	阔叶混交林	317.65	300.81	534.50	317.94	507.58	380.07	364.33
	落叶松林	2108.24	2202.95	3118.26	1231.53	2838.51	2197.43	2206.22
	杨桦林	200.74	189.94	304.35	172.76	286.19	241.12	217.00
	针阔混交林	782.74	1056.86	1070.87	721.67	997.30	756.55	844.77
	针叶混交林	10.52	236.69	-63.68	3.13	-199.68	-59.19	81.01
吉林省长白山	白桦林	672.30	625.15	636.98	614.57	632.92	662.40	666.28
	阔叶混交林	3328.25	2993.40	7468.74	2605.31	6985.50	4384.27	4005.39
	落叶松林	389.41	336.20	512.50	260.03	438.16	394.61	388.00
	落叶松人工林	283.77	232.66	245.63	68.53	126.64	305.56	291.94
	山杨林	-101.68	93.65	346.09	27.98	318.93	79.39	128.90
	柞树林	149.13	84.86	443.49	127.85	430.84	282.52	252.54
	杨桦林	26.72	28.26	33.83	41.99	33.53	26.77	26.83
	针阔混交林	842.99	719.20	1512.75	681.89	1341.78	954.09	825.79
	针叶混交林	871.88	560.90	858.20	318.88	634.51	873.68	848.30
黑龙江省小兴安岭、长白山	白桦林	367.06	375.44	436.75	427.97	430.53	416.03	420.27
	黑桦林	47.29	76.16	118.29	45.43	115.55	94.87	88.67
	红松人工林	-8.69	2.09	-5.01	13.16	3.41	2.51	4.15
	阔叶混交林	1850.01	2045.16	3721.37	1326.22	3523.05	2623.89	2511.85
	落叶松林	83.10	58.02	82.13	13.33	63.43	59.62	67.75
	落叶松人工林	68.00	82.52	159.46	67.39	114.49	78.42	78.07
	山杨林	74.38	63.02	124.80	87.82	119.40	86.06	86.81
	杨树人工林	121.49	151.91	155.33	123.30	147.91	149.21	141.11
	柞树林	255.89	219.65	309.29	272.54	311.95	247.80	249.35
	樟子松人工林	11.90	18.20	4.56	12.26	4.64	14.35	12.44
	针阔混交林	284.48	217.63	735.57	325.02	669.74	334.48	297.41
	针叶混交林	84.42	82.41	122.85	30.13	90.53	81.23	78.85

检验结果。结果表明：所有模型的 R_a^2 都大于 0.70，均方根误差 RMSE 都较小。绝大多数总量、地上和树干生物量模型拟合效果更好，其 R_a^2 大于 0.90，RMSE 都小于 0.25，而绝大多数树种树根、树枝、树叶和树冠生物量模型有着相对较小的 R_a^2 和较大的 RMSE。在这 6 个林分类型中，落叶松林可加性生物量模型拟合效果略好于其他 5 个林分类型。

所建立的各林分类型可加性生物量中，绝大多数总量、地上、地下、树干、树枝、树叶和树冠生物量模型的 MPE%为-5%~5%，且会略低估生物量值。绝大多数生物量模型的平均相对误差绝对值 MAE%小于 30%，只有阔叶混交林树枝和树冠生物量模型的 MAE%大于 30%,其中,绝大多数总量、地上、树干和树根生物量模型的 MAE%小于 15%,而树枝、树叶和树冠生物量模型的 MAE%较大,基本都大于 15%。总量、地上、地下和树干生物量模型的 $P\%$ 在 97%以上,而树枝、树叶和树冠生物量模型的平均预测精度相对较低,但也都在 95%以上(表 8-6)。

总的来说,利用式(8-3)建立的黑龙江大兴安岭林区 6 个林分类型总量、地上和树干生物量模型的预测精度较好,树根、树枝、树叶和树冠生物量模型的预测精度相对较差。所建立的林分生物量-蓄积量模型曲线与各样本点之间具有较好的切合程度,能很好地对各林分类型生物量进行估计。

表 8-6 黑龙江省大兴安岭林区各林分类型生物量-蓄积量模型拟合与检验结果

林分类型	分项	拟合结果					检验结果		
		a_i	b_i	R_a^2	RMSE	CF	MPE%	MAE%	$P\%$
白桦林	总量	—	—	0.986	0.10	—	1.99	6.34	99.49
	地上	—	—	0.983	0.11	—	2.19	7.07	99.41
	树根	−1.3373	0.9583	0.989	0.08	1.0036	1.31	6.08	99.52
	树干	−0.5171	0.9944	0.989	0.09	1.0038	1.55	5.55	99.58
	树枝	−3.0163	1.1702	0.924	0.28	1.0391	5.64	19.37	98.33
	树叶	−3.7940	1.0248	0.973	0.14	1.0101	2.07	9.68	99.19
	树冠	—	—	0.935	0.25	—	4.96	17.11	98.51
阔叶混交林	总量	—	—	0.903	0.24	—	3.57	20.49	97.80
	地上	—	—	0.900	0.25	—	3.71	20.89	97.69
	树根	−1.3468	0.9723	0.903	0.22	1.0255	3.07	19.99	98.07
	树干	−0.5219	1.0287	0.937	0.19	1.0175	2.26	16.15	98.32
	树枝	−3.2488	1.2972	0.721	0.53	1.1523	10.07	47.32	94.99
	树叶	−3.5608	1.0033	0.863	0.27	1.0373	1.44	24.38	97.44
	树冠	—	—	0.739	0.49	—	8.79	42.61	95.38
落叶松林	总量	—	—	0.991	0.07	—	1.02	5.61	99.61
	地上	—	—	0.993	0.07	—	1.28	4.87	99.65
	树根	−1.8391	1.0858	0.981	0.11	1.0061	0.30	8.70	99.45
	树干	−0.7263	1.0377	0.993	0.07	1.0022	0.74	4.93	99.66
	树枝	−2.9405	1.0531	0.967	0.15	1.0110	4.82	9.65	99.10
	树叶	−3.2806	0.8533	0.940	0.17	1.0137	4.62	12.61	99.27
	树冠	—	—	0.970	0.13	—	4.77	8.71	99.21
杨桦林	总量	—	—	0.980	0.13	—	1.65	9.32	98.73
	地上	—	—	0.983	0.12	—	1.53	8.43	98.77
	树根	−1.8637	1.0164	0.954	0.20	1.0192	2.11	15.96	98.12
	树干	−0.4648	0.9733	0.988	0.10	1.0046	1.01	6.75	99.04
	树枝	−3.5425	1.2237	0.917	0.33	1.0566	4.84	27.29	96.66
	树叶	−4.0468	1.0255	0.954	0.20	1.0199	1.01	15.74	97.98
	树冠	—	—	0.925	0.30	—	4.15	24.44	96.95

续表

林分类型	分项	拟合结果					检验结果		
		a_i	b_i	R_a^2	RMSE	CF	MPE%	MAE%	P%
针阔混交林	总量	—	—	0.977	0.09	—	1.14	6.50	99.51
	地上	—	—	0.976	0.10	—	1.78	6.23	99.52
	树根	−1.6307	1.0329	0.961	0.12	1.0077	−0.83	9.27	99.32
	树干	−0.6512	1.0235	0.984	0.08	1.0031	0.90	5.41	99.60
	树枝	−2.9335	1.1027	0.871	0.25	1.0309	6.70	15.85	98.67
	树叶	−3.5623	0.9407	0.922	0.16	1.0135	4.32	11.80	99.16
	树冠			0.888	0.22		6.23	14.05	98.82
针叶混交林	总量	—	—	0.955	0.13	—	−1.40	10.19	99.69
	地上	—	—	0.964	0.12	—	−0.45	8.45	99.19
	树根	−2.0849	1.0814	0.838	0.26	1.0349	−4.77	22.51	96.29
	树干	−1.2284	1.1213	0.964	0.12	1.0078	−0.74	9.17	98.59
	树枝	−2.5340	0.9834	0.911	0.19	1.0173	−0.12	13.42	97.97
	树叶	−2.2392	0.7196	0.757	0.27	1.0363	4.22	21.87	97.97
	树冠			0.895	0.19		1.09	13.29	97.98

注：CF 为校正系数，其计算公式为式（6-10）

8.3.2.2 吉林省长白山林区主要林分类型生物量-蓄积量模型

由表 8-7 可知，吉林省长白山林区各林分类型生物量模型的 R_a^2 都大于 0.75，均方根误差 RMSE 都较小，其中，总量、地上和树干生物量模型拟合效果更好，其 R_a^2 大于 0.90，RMSE 都小于 0.20，而绝大多数树种树根、树枝、树叶和树冠生物量模型有着相对较小的 R_a^2 和较大的 RMSE。绝大多数总量、地上、地下、树干、树枝、树叶和树冠生物量模型的 MPE% 为 −5%~5%，且会略低估生物量值。所有生物量模型的平均相对误差绝对值 MAE% 小于 30%，其中，绝大多数总量、地上、树干和树根生物量模型的 MAE% 小于 10%，而树枝、树叶和树冠生物量模型的 MAE% 较大，基本都大于 10%。总量、地上、树根和树干生物量模型的 P% 在 98% 以上，而树枝、树叶和树冠生物量模型的平均预测精度相对较低，但也都在 96% 以上（表 8-7）。

8.3.2.3 黑龙江省小兴安岭、长白山林区主要林分类型生物量-蓄积量模型

表 8-8 给出了黑龙江省小兴安岭、长白山林区各林分类型生物量-蓄积量模型拟合与检验结果。由表 8-8 可以看出，绝大多数生物量模型的 R_a^2 大于 0.80。绝大多数总量、树干和地上生物量的 R_a^2 都大于 0.90，且 RMSE 小于 0.20，而树枝、树叶和树冠生物量模型有着相对较小的 R_a^2 和较大的 RMSE。绝大多数模型的 MPE% 为 −10%~10%，且会略低估生物量值。总量、地上和树干生物量模型的

表 8-7　吉林省长白山林区各林分类型生物量-蓄积量模型拟合与检验结果

林分类型	分项	拟合结果					检验结果		
		a_i	b_i	R_a^2	RMSE	CF	MPE%	MAE%	P%
白桦林	总量	—	—	0.990	0.06	—	0.58	4.42	99.33
	地上	—	—	0.987	0.06	—	0.51	4.96	99.26
	树根	−1.5783	0.9750	0.989	0.05	1.0014	0.87	4.23	99.41
	树干	−0.7468	1.0203	0.993	0.05	1.0011	0.57	3.37	99.44
	树枝	−3.3635	1.2567	0.931	0.18	1.0158	0.33	14.71	98.13
	树叶	−3.8834	1.0428	0.978	0.08	1.0036	0.20	6.84	99.09
	树冠	—	—	0.943	0.16	—	0.31	12.88	98.34
阔叶混交林	总量	—	—	0.958	0.12	—	3.14	8.67	99.67
	地上	—	—	0.955	0.12	—	3.50	9.04	99.64
	树根	−1.6277	0.9675	0.944	0.12	1.0076	1.66	9.70	99.67
	树干	−0.9002	1.0495	0.972	0.09	1.0043	1.84	7.08	99.75
	树枝	−3.1139	1.1899	0.824	0.29	1.0437	10.58	20.81	98.99
	树叶	−3.3372	0.9123	0.912	0.15	1.0106	0.88	11.41	99.62
	树冠	—	—	0.842	0.26	—	9.17	18.53	99.11
落叶松林	总量	—	—	0.995	0.05	—	0.25	3.58	99.42
	地上	—	—	0.996	0.05	—	0.61	2.95	99.49
	树根	−1.8709	1.0888	0.986	0.09	1.0044	−0.72	6.89	99.06
	树干	−0.7105	1.0240	0.996	0.05	1.0011	0.16	3.19	99.47
	树枝	−2.8637	1.0210	0.978	0.11	1.0065	3.55	7.58	98.59
	树叶	−3.1117	0.7949	0.929	0.17	1.0139	4.23	13.57	98.26
	树冠	—	—	0.976	0.11	—	3.68	7.89	98.67
落叶松人工林	总量	—	—	0.990	0.08	—	0.38	6.17	99.02
	地上	—	—	0.993	0.07	—	0.52	5.39	99.12
	树根	−2.8242	1.1655	0.978	0.13	1.0082	−0.15	9.97	98.57
	树干	−1.4261	1.1253	0.988	0.09	1.0042	0.22	7.34	98.89
	树枝	−2.4078	0.9185	0.978	0.10	1.0053	1.56	8.28	98.71
	树叶	−2.0220	0.6290	0.827	0.22	1.0247	3.80	18.18	97.69
	树冠	—	—	0.965	0.12	—	2.15	9.81	98.70
山杨林	总量	—	—	0.985	0.09	—	0.74	6.70	98.95
	地上	—	—	0.979	0.11	—	0.55	7.96	98.83
	树根	−2.0352	0.9960	0.984	0.09	1.0039	1.63	6.84	99.06
	树干	−0.6927	0.9994	0.972	0.12	1.0076	−0.36	7.85	99.03
	树枝	−3.7592	1.2688	0.940	0.22	1.0253	4.55	17.84	96.78
	树叶	−4.0501	1.0154	0.953	0.15	1.0114	3.01	10.56	98.60
	树冠	—	—	0.946	0.20	—	4.30	15.87	97.14

续表

林分类型	分项	拟合结果					检验结果		
		a_i	b_i	R_a^2	RMSE	CF	MPE%	MAE%	P%
柞树林	总量	—	—	0.912	0.16	—	1.86	12.90	98.66
	地上	—	—	0.906	0.17	—	1.96	13.78	98.54
	树根	−1.2135	0.9292	0.917	0.13	1.0090	1.48	11.82	98.97
	树干	−0.5647	1.0118	0.925	0.14	1.0096	1.12	11.60	98.91
	树枝	−3.7302	1.4185	0.817	0.33	1.0555	4.29	28.42	97.13
	树叶	−3.2901	0.9420	0.908	0.14	1.0099	0.78	12.44	98.89
	树冠	—	—	0.833	0.29	—	3.92	24.96	97.38
杨桦林	总量	—	—	0.937	0.12	—	2.60	8.34	98.92
	地上	—	—	0.937	0.12	—	2.61	8.48	99.08
	树根	−1.8319	1.0059	0.921	0.13	1.0085	2.53	9.69	98.16
	树干	−0.8097	1.0364	0.943	0.11	1.0063	2.17	7.70	98.66
	树枝	−4.1723	1.3824	0.874	0.23	1.0268	4.81	17.96	99.00
	树叶	−4.3579	1.1107	0.911	0.15	1.0115	2.30	11.59	98.30
	树冠	—	—	0.885	0.21	—	4.39	16.19	99.02
针阔混交林	总量	—	—	0.973	0.10	—	1.47	7.81	99.48
	地上	—	—	0.975	0.10	—	1.37	7.66	99.47
	树根	−1.8310	1.0120	0.945	0.14	1.0103	1.79	11.21	99.27
	树干	−0.8502	1.0236	0.975	0.10	1.0046	0.81	7.60	99.50
	树枝	−3.0385	1.1169	0.916	0.19	1.0192	4.34	14.28	98.80
	树叶	−3.1367	0.8814	0.864	0.20	1.0199	1.33	16.45	98.99
	树冠	—	—	0.922	0.18	—	3.73	13.22	98.94
针叶混交林	总量	—	—	0.982	0.09	—	−0.89	6.96	99.12
	地上	—	—	0.976	0.10	—	−1.43	7.52	98.98
	树根	−2.1856	1.0854	0.971	0.12	1.0074	0.79	9.60	99.02
	树干	−1.0047	1.0431	0.974	0.11	1.0058	−2.05	8.32	98.92
	树枝	−2.4772	0.9765	0.933	0.14	1.0143	1.02	12.87	98.33
	树叶	−2.1561	0.7210	0.766	0.26	1.0339	2.26	21.12	98.06
	树冠	—	—	0.921	0.17	—	1.34	13.23	98.48

注：CF 为校正系数，其计算公式为式（6-10）

MAE%较小，绝大多数都小于 15%，而树枝、树叶、树冠和树根生物量模型的 MAE%较大，绝大多数都在 15%以上。总量、地上和树干生物量模型的 P%都大于 91%，而树枝、树叶和树冠生物量模型的平均预测精度相对较低，但也都在 88%以上（表 8-8）。

表 8-8　黑龙江省小兴安岭、长白山林区各林分类型生物量-蓄积量模型拟合与检验结果

林分类型	分项	拟合结果					检验结果		
		a_i	b_i	R_a^2	RMSE	CF	MPE%	MAE%	P%
白桦林	总量	—	—	0.993	0.07	—	0.45	5.63	99.05
	地上	—	—	0.992	0.08	—	0.38	6.23	98.97
	树根	−1.2623	0.9381	0.992	0.08	1.0028	0.71	5.87	99.07
	树干	−0.4443	0.9832	0.994	0.07	1.0023	0.41	5.14	99.16
	树枝	−2.8878	1.1826	0.957	0.22	1.0237	0.27	17.53	97.42
	树叶	−3.7377	1.0354	0.987	0.10	1.0054	0.12	8.05	98.68
	树冠	—	—	0.965	0.19	—	0.24	15.27	97.72
黑桦林	总量	—	—	0.981	0.10	—	2.72	7.56	97.45
	地上	—	—	0.976	0.11	—	3.27	8.73	96.92
	树根	−1.2609	0.9244	0.982	0.08	1.0036	0.49	6.88	98.14
	树干	−0.4589	0.9993	0.987	0.08	1.0030	1.83	6.46	98.03
	树枝	−3.1005	1.2840	0.894	0.30	1.0451	9.25	23.91	91.56
	树叶	−3.2779	0.9607	0.988	0.07	1.0025	0.87	5.76	98.46
	树冠	—	—	0.916	0.25	—	7.90	19.44	92.82
红松人工林	总量	—	—	0.873	0.18	—	−5.22	16.84	92.82
	地上	—	—	0.844	0.20	—	−6.30	18.52	91.58
	树根	−1.0740	0.9081	0.932	0.13	1.0089	−1.55	12.32	95.84
	树干	−0.2529	0.9347	0.859	0.18	1.0167	−5.76	17.34	92.26
	树枝	−2.5424	1.1033	0.779	0.28	1.0396	−7.98	26.22	89.32
	树叶	−2.8869	1.0642	0.712	0.31	1.0485	−7.49	28.14	88.11
	树冠	—	—	0.793	0.26	—	−7.80	24.35	89.37
阔叶混交林	总量	—	—	0.962	0.13	—	3.57	10.01	99.28
	地上	—	—	0.958	0.14	—	3.89	10.41	99.22
	树根	−1.2703	0.9246	0.954	0.13	1.0091	2.29	10.79	99.35
	树干	−0.5165	0.9990	0.974	0.11	1.0058	2.35	8.52	99.46
	树枝	−2.9517	1.2015	0.846	0.34	1.0586	10.55	24.73	97.92
	树叶	−3.2445	0.9247	0.937	0.16	1.0122	1.28	12.28	99.32
	树冠	—	—	0.866	0.30	—	9.12	21.41	98.18
落叶松林	总量	—	—	0.969	0.17	—	4.52	11.68	94.67
	地上	—	—	0.972	0.16	—	4.79	11.22	95.07
	树根	−1.7541	1.0719	0.950	0.22	1.0251	3.75	16.53	92.89
	树干	−0.6501	1.0282	0.970	0.16	1.0136	4.18	11.78	95.05
	树枝	−2.7770	1.0314	0.950	0.21	1.0231	8.98	16.39	92.39
	树叶	−3.0383	0.8035	0.914	0.22	1.0250	6.83	18.17	94.57
	树冠	—	—	0.951	0.20	—	8.54	15.17	93.31

续表

林分类型	分项	拟合结果					检验结果		
		a_i	b_i	R_a^2	RMSE	CF	MPE%	MAE%	P%
落叶松人工林	总量	—	—	0.938	0.21	—	−0.81	13.72	97.91
	地上	—	—	0.941	0.20	—	−0.72	12.93	97.98
	树根	−2.4629	1.1490	0.922	0.25	1.0317	−1.20	18.31	97.58
	树干	−1.0895	1.1153	0.930	0.23	1.0267	−1.29	16.17	97.69
	树枝	−2.0466	0.8771	0.934	0.18	1.0164	1.10	13.84	97.85
	树叶	−1.6121	0.5596	0.673	0.31	1.0497	5.98	26.47	96.50
	树冠	—	—	0.901	0.20	—	2.45	16.46	97.68
山杨林	总量	—	—	0.986	0.10	—	1.99	8.19	98.07
	地上	—	—	0.985	0.10	—	2.19	8.38	98.01
	树根	−1.7653	0.9576	0.983	0.11	1.0059	1.03	8.86	97.99
	树干	−0.1875	0.9164	0.983	0.10	1.0054	1.63	8.18	98.11
	树枝	−3.5169	1.2157	0.949	0.25	1.0324	5.77	20.51	94.96
	树叶	−4.0042	1.0140	0.981	0.12	1.0074	1.34	10.12	97.67
	树冠	—	—	0.958	0.22	—	4.99	17.55	95.62
杨树人工林	总量	—	—	0.989	0.10	—	1.03	6.92	97.85
	地上	—	—	0.989	0.10	—	1.11	6.96	97.78
	树根	−2.2496	1.0316	0.989	0.09	1.0044	0.78	6.84	98.00
	树干	−1.2823	1.0281	0.990	0.09	1.0043	1.06	6.76	97.84
	树枝	−3.1509	1.1229	0.982	0.13	1.0089	1.46	9.97	97.05
	树叶	−3.6500	0.9522	0.987	0.09	1.0044	0.61	6.09	97.90
	树冠	—	—	0.986	0.11	—	1.28	8.24	97.46
柞树林	总量	—	—	0.962	0.13	—	1.57	10.01	98.99
	地上	—	—	0.949	0.15	—	1.86	12.08	98.81
	树根	−1.2302	0.9654	0.988	0.07	1.0022	0.48	5.07	99.46
	树干	−0.5530	1.0439	0.978	0.10	1.0046	0.40	7.50	99.26
	树枝	−3.6499	1.4308	0.795	0.43	1.0991	6.94	37.17	96.93
	树叶	−3.2987	0.9789	0.987	0.07	1.0024	−0.08	5.16	99.41
	树冠	—	—	0.830	0.36	—	5.99	29.89	97.32
樟子松人工林	总量	—	—	0.904	0.16	—	3.23	12.69	99.63
	地上	—	—	0.897	0.16	—	2.76	12.81	99.61
	树根	−1.0614	0.8419	0.874	0.18	1.0164	5.33	15.92	99.57
	树干	−0.2339	0.9485	0.895	0.17	1.0139	2.38	13.13	99.59
	树枝	−2.0094	0.9241	0.891	0.17	1.0143	3.40	13.83	99.62
	树叶	−2.1189	0.8264	0.821	0.21	1.0230	5.79	18.68	99.46
	树冠	—	—	0.879	0.18	—	4.30	15.27	99.59

续表

林分类型	分项	拟合结果					检验结果		
		a_i	b_i	R_a^2	RMSE	CF	MPE%	MAE%	P%
针阔混交林	总量	—	—	0.963	0.13	—	3.67	9.66	98.76
	地上	—	—	0.964	0.13	—	3.50	9.59	98.74
	树根	−1.3455	0.9225	0.943	0.16	1.0121	4.28	11.48	98.48
	树干	−0.4362	0.9511	0.963	0.13	1.0081	2.90	9.81	98.86
	树枝	−2.8265	1.1034	0.915	0.23	1.0257	6.79	15.64	96.90
	树叶	−3.0147	0.8862	0.863	0.24	1.0285	2.15	18.47	97.64
	树冠	—	—	0.923	0.20	—	5.80	14.18	97.32
针叶混交林	总量	—	—	0.944	0.13	—	4.72	9.99	97.70
	地上	—	—	0.938	0.14	—	4.84	10.50	97.58
	树根	−1.6788	0.9756	0.946	0.14	1.0094	4.35	10.09	97.58
	树干	−0.4398	0.9260	0.933	0.15	1.0109	5.05	10.56	97.47
	树枝	−2.2649	0.9440	0.924	0.16	1.0132	4.31	12.87	96.89
	树叶	−2.2152	0.7405	0.829	0.20	1.0209	3.02	16.02	96.94
	树冠	—	—	0.921	0.16	—	3.96	12.38	97.24

注：CF 为校正系数，其计算公式为式（6-10）。

8.4 林分生物量换算系数法

8.4.1 生物量换算系数定义

林分生物量换算系数（biomass expansion factor，BEF）定义为林分总量及各分项（如树干、树枝、树叶、树根、树冠、地上和总量）生物量与每公顷蓄积量的比值［即式（8-4）］，其单位为 $t·m^{-3}$。

$$\text{BEF}_i = \frac{W_i}{V} \tag{8-4}$$

式中，BEF_i 为 i 分项生物量换算系数（$t·m^{-3}$），W_i 为 i 分项生物量（$t·hm^{-2}$）（为样地内所有立木 i 分项生物量之和），V 为每公顷蓄积量（$m^3·hm^{-2}$）（为样地内所有立木材积之和）。i 为 t、a、r、s、b、f 和 c，分别为总量、地上、地下（树根）、树干、树枝、树叶和树冠。

对于生物量换算系数的认识经历了两个阶段：①生物量换算系数 BEF 为常数；②生物量换算系数 BEF 呈连续函数变化。许多研究者分别用这两种生物量换算系数来估算林分生物量。本节也利用生物量换算系数对东北林区主要林分类型生物量进行预测。

8.4.2 固定生物量换算系数法

利用东北林区主要林分类型生物量和蓄积量数据，计算其 BEF。由表 8-9 可知，东北林区主要林分类型树干、树枝、树叶、地下（树根）、树冠、地上及总量生物量换算系数都存在巨大的变异，其平均值分别为 $0.56t·m^{-3}$、$0.11t·m^{-3}$、$0.03t·m^{-3}$、$0.19t·m^{-3}$、$0.14t·m^{-3}$、$0.69t·m^{-3}$ 和 $0.88t·m^{-3}$。

对于黑龙江省大兴安岭林区来说，树干生物量换算系数最大的是阔叶混交林（$0.70t·m^{-3}$），最小的是针叶混交林（$0.52t·m^{-3}$）；树枝生物量换算系数最大的是阔叶混交林（$0.16t·m^{-3}$），最小的是落叶松林（$0.07t·m^{-3}$）；树叶生物量换算系数最大的是阔叶混交林（$0.03t·m^{-3}$），最小的是杨桦林（$0.02t·m^{-3}$）；地下生物量换算系数最大的是阔叶混交林（$0.24t·m^{-3}$），最小的是杨桦林（$0.17t·m^{-3}$）；树冠生物量换算系数最大的是阔叶混交林（$0.20t·m^{-3}$），最小的是针叶混交林（$0.10t·m^{-3}$）；地上生物量换算系数最大的是阔叶混交林（$0.90t·m^{-3}$），最小的是针叶混交林（$0.62t·m^{-3}$）；总量生物量换算系数最大的是阔叶混交林（$1.14t·m^{-3}$），最小的是针叶混交林（$0.80t·m^{-3}$）。总的来说，黑龙江大兴安岭林区各林分类型树干、树枝、树叶、地下（树根）、树冠、地上及总量生物量换算系数的平均值分别为 $0.59t·m^{-3}$、$0.10t·m^{-3}$、$0.02t·m^{-3}$、$0.21t·m^{-3}$、$0.12t·m^{-3}$、$0.71t·m^{-3}$ 和 $0.93t·m^{-3}$（表 8-9）。

对于吉林省长白山林区来说，树干生物量换算系数最大的是柞树林（$0.61t·m^{-3}$），最小的是落叶松人工林（$0.44t·m^{-3}$）；树枝生物量换算系数最大的是柞树林（$0.21t·m^{-3}$），最小的是落叶松人工林（$0.06t·m^{-3}$）；树叶生物量换算系数最大的是针叶混交林（$0.03t·m^{-3}$），最小的是落叶松林（$0.02t·m^{-3}$）；地下生物量换算系数最大的是落叶松林（$0.23t·m^{-3}$），最小的是山杨林（$0.13t·m^{-3}$）；树冠生物量换算系数最大的是柞树林（$0.24t·m^{-3}$），最小的是落叶松林（$0.08t·m^{-3}$）；地上生物量换算系数最大的是柞树林（$0.85t·m^{-3}$），最小的是落叶松人工林（$0.52t·m^{-3}$）；总量生物量换算系数最大的是柞树林（$1.06t·m^{-3}$），最小的是落叶松人工林（$0.65t·m^{-3}$）。总的来说，吉林省长白山林区各林分类型树干、树枝、树叶、地下（树根）、树冠、地上及总量生物量换算系数的平均值分别为 $0.51t·m^{-3}$、$0.11t·m^{-3}$、$0.02t·m^{-3}$、$0.18t·m^{-3}$、$0.13t·m^{-3}$、$0.64t·m^{-3}$ 和 $0.82t·m^{-3}$（表 8-9）。

对于黑龙江省小兴安岭、长白山林区来说，树干生物量换算系数最大的是柞树林（$0.70t·m^{-3}$），最小的是杨树人工林（$0.3t·m^{-3}$）；树枝生物量换算系数最大的是柞树林（$0.20\ t·m^{-3}$），最小的是杨树人工林（$0.07t·m^{-3}$）；树叶生物量换算系数最大的是红松人工林（$0.07\ t·m^{-3}$），最小的是山杨林（$0.02t·m^{-3}$）；地下生物量换算系数最大的是柞树林（$0.25t·m^{-3}$），最小的是杨树人工林（$0.12t·m^{-3}$）；树冠生物量换算系数最大的是柞树林（$0.23t·m^{-3}$），最小的是落叶松林（$0.10t·m^{-3}$）；地上生物量换算系数最大的是柞树林（0.94），最小的是杨树人工林（$0.41t·m^{-3}$）；总量生物量换算系数最大的是柞树林（1.19t·m^{-3}），最小的是杨树人工林（0.53t·m^{-3}）。总的来说，黑龙江各林分类型树干、树枝、树叶、地下（树根）、树冠、地上及总量生物量换算系数的平均值分别为 0.57t·m^{-3}、0.11t·m^{-3}、0.04t·m^{-3}、0.19t·m^{-3}、0.15t·m^{-3}、0.72t·m^{-3} 和 0.91t·m^{-3}（表 8-9）。

表 8-9 东北林区生物量换算系数按林分类型统计

地区	林分类型	统计量	BEF_s (t·m^{-3})	BEF_b (t·m^{-3})	BEF_f (t·m^{-3})	BEF_r (t·m^{-3})	BEF_c (t·m^{-3})	BEF_a (t·m^{-3})	BEF_t (t·m^{-3})
黑龙江省大兴安岭	白桦林	Mean	0.5947a	0.1058a	0.0257a	0.2256a	0.1315a	0.7262a	0.9518a
		Std	0.0555	0.0349	0.0039	0.0214	0.0382	0.0872	0.1015
	阔叶混交林	Mean	0.7000b	0.1649b	0.0304b	0.2437b	0.1953b	0.8952b	1.1389b
		Std	0.1282	0.0875	0.0077	0.0518	0.0940	0.2181	0.2644
	落叶松林	Mean	0.5754c	0.0696c	0.0204c	0.2339c	0.0900c	0.6654c	0.8992c
		Std	0.0408	0.0123	0.0041	0.0291	0.0132	0.0479	0.0738
	杨桦林	Mean	0.5647d	0.0847d	0.0201c	0.1723d	0.1049d	0.6696d	0.8419d
		Std	0.0539	0.0317	0.0041	0.0332	0.0350	0.0771	0.1037
	针阔混交林	Mean	0.5869e	0.0924e	0.0228d	0.2263a	0.1152e	0.7021d	0.9284e
		Std	0.0466	0.0262	0.0040	0.0269	0.0285	0.0694	0.0892
	针叶混交林	Mean	0.5182f	0.0734f	0.0300b	0.1770e	0.1034e	0.6216e	0.7986f
		Std	0.0621	0.0130	0.0099	0.0404	0.0201	0.0685	0.0976
吉林省长白山	白桦林	Mean	0.5255a	0.1218a	0.0253a	0.1847a	0.1472a	0.6726a	0.8573ab
		Std	0.0258	0.0256	0.0022	0.0103	0.0271	0.0476	0.0519
	阔叶混交林	Mean	0.5286a	0.1269b	0.0232b	0.1695b	0.1501a	0.6787a	0.8482a
		Std	0.0525	0.0456	0.0035	0.0214	0.0468	0.0913	0.1051
	落叶松林	Mean	0.5523b	0.0652c	0.0173c	0.2349c	0.0825b	0.6348b	0.8697b
		Std	0.0266	0.0080	0.0037	0.0244	0.0095	0.0289	0.0490
	落叶松人工林	Mean	0.4361c	0.0626c	0.0252a	0.1311d	0.0877b	0.5239c	0.6549c
		Std	0.0535	0.0075	0.0102	0.0206	0.0160	0.0434	0.0631
	山杨林	Mean	0.4872d	0.0926d	0.0197d	0.1305d	0.1123c	0.5995d	0.7300d
		Std	0.0530	0.0281	0.0030	0.0115	0.0291	0.0682	0.0700
	柞树林	Mean	0.6109e	0.2134e	0.0281e	0.2106e	0.2415d	0.8524e	1.0630e
		Std	0.0804	0.0835	0.0039	0.0277	0.0844	0.1499	0.1684
	杨桦林	Mean	0.5455b	0.1082f	0.0227b	0.1694bf	0.1309e	0.6764a	0.8459a
		Std	0.0647	0.0304	0.0038	0.0230	0.0332	0.0903	0.1094
	针阔混交林	Mean	0.4851d	0.0902d	0.0244f	0.1730f	0.1147c	0.5997d	0.7728f
		Std	0.0476	0.0202	0.0055	0.0255	0.0221	0.0601	0.0792

续表

地区	林分类型	统计量	BEF$_s$ (t·m^{-3})	BEF$_b$ (t·m^{-3})	BEF$_f$ (t·m^{-3})	BEF$_r$ (t·m^{-3})	BEF$_c$ (t·m^{-3})	BEF$_a$ (t·m^{-3})	BEF$_t$ (t·m^{-3})
吉林省长白山	针叶混交林	Mean	0.4527f	0.0753g	0.0287g	0.1761g	0.1040f	0.5566f	0.7328d
		Std	0.0473	0.0131	0.0097	0.0233	0.0192	0.0536	0.0659
黑龙江省小兴安岭、长白山	白桦林	Mean	0.6061a	0.1156a	0.0275a	0.2256a	0.1431a	0.7492a	0.9749a
		Std	0.0425	0.0297	0.0030	0.0209	0.0319	0.0603	0.0717
	黑桦林	Mean	0.6395b	0.1508b	0.0325b	0.2120b	0.1834b	0.8229b	1.0349b
		Std	0.0483	0.0571	0.0023	0.0201	0.0575	0.0971	0.0985
	红松人工林	Mean	0.5703de	0.1255a	0.0754d	0.2235a	0.2009b	0.7712ac	0.9947ab
		Std	0.0999	0.0296	0.0183	0.0306	0.0439	0.1388	0.1665
	阔叶混交林	Mean	0.6065a	0.1420b	0.0285e	0.2053c	0.1705c	0.7770c	0.9822a
		Std	0.0656	0.0608	0.0046	0.0284	0.0623	0.1181	0.1356
	落叶松林	Mean	0.5993ac	0.0755c	0.0230c	0.2369d	0.0984df	0.6978d	0.9346c
		Std	0.0980	0.0177	0.0078	0.0528	0.0208	0.1089	0.1555
	落叶松人工林	Mean	0.5513d	0.0778c	0.0349f	0.1621e	0.1127ef	0.6640e	0.8261d
		Std	0.1127	0.0146	0.0173	0.0364	0.0298	0.1110	0.1449
	山杨林	Mean	0.5858ce	0.0836b	0.0198g	0.1443f	0.1034de	0.6891d	0.8334de
		Std	0.0777	0.0261	0.0024	0.0168	0.0273	0.0766	0.0901
	杨树人工林	Mean	0.3139f	0.0720c	0.0216c	0.1209f	0.0936d	0.4075f	0.5284f
		Std	0.0288	0.0122	0.0023	0.0111	0.0123	0.0402	0.0509
	柞树林	Mean	0.7044g	0.1988d	0.0337b	0.2523h	0.2325g	0.9369g	1.1892g
		Std	0.0699	0.0919	0.0024	0.0171	0.0925	0.1570	0.1643
	樟子松人工林	Mean	0.6557b	0.1008e	0.0601h	0.1825i	0.1609c	0.8166b	0.9991ab
		Std	0.1152	0.0172	0.0125	0.0323	0.0278	0.1386	0.1583
	针阔混交林	Mean	0.5331h	0.1019e	0.0300i	0.1904g	0.1319h	0.6651e	0.8554e
		Std	0.0697	0.0279	0.0082	0.0314	0.0304	0.0851	0.1106
	针叶混交林	Mean	0.4770i	0.0826c	0.0333b	0.1732k	0.1159e	0.5930h	0.7662h
		Std	0.0762	0.0140	0.0092	0.0245	0.0199	0.0900	0.1085

注：Mean 和 Std 分别代表平均值和标准差。BEF$_t$ 为林分总生物量换算系数，BEF$_a$ 为林分地上部分生物量换算系数，BEF$_r$ 为林分地下部分生物量换算系数，BEF$_b$ 为林分树枝生物量换算系数，BEF$_s$ 为林分树干生物量换算系数，BEF$_f$ 为林分树叶生物量换算系数，BEF$_c$ 为林分树冠生物量换算系数。不同地区同列不同小写英文字母表示在 0.05 水平上差异显著。

8.4.3 生物量换算系数连续函数法

8.4.3.1 模型选取及构造

生物量换算系数连续函数法（stand biomass equations including BEF，SBEV$_{BEF}$）是为克服将生物量与蓄积量比值作为常数（或者仅与年龄有关）的不足而提出的。一般来讲，生物量换算系数与一些林分变量（如林分平均直径、林分平均高等）具有一定的关系。

考虑到这个问题，以下方程系统被用来拟合东北林区主要林分类型林分生物量模型：

$$\begin{cases} W_i = V \cdot \mathrm{BEF}_i(X_j) + \varepsilon_i \\ W_c = W_b + W_f + \varepsilon_c \\ W_a = W_s + W_b + W_f + \varepsilon_a \\ W_t = W_r + W_s + W_b + W_f + \varepsilon_t \end{cases} \quad (8\text{-}5)$$

式中，$\mathrm{BEF}_i(X_j)$ 为生物量换算系数与林分变量的函数关系（如幂函数、指数函数、Schumacher 方程和其他非线性方程等）。

众所周知，生物量模型普遍存在异方差性，由于存在异方差，因此必须选用适当的权函数来进行加权回归估计或者采用将模型转换为对数模型消除异方差。由于式（8-5）相对复杂，不能进行对数转换，因此，本研究采用加权回归对式（8-5）进行异方差消除。

8.4.3.2 黑龙江省大兴安岭林区主要林分类型生物量换算系数连续函数法

表 8-10 给出了黑龙江省大兴安岭林区主要林分类型生物量换算系数连续函数模型拟合与检验结果。结果表明，基于不同林分类型及其各器官，林分平均直径（D_q）、林分平均高（H）和林分优势树种平均直径（D_g）是 BEF 最好的解释变量。绝大多数林分类型的生物量模型具有较大的 R_a^2（>0.7）和较小的 RMSE（<10t·hm^{-2}）。对于某些林分类型（如白桦林和落叶松林）来说，其生物量换算系数连续函数模型拟合与检验效果类似，甚至好于林分生物量-林分变量模型、林分生物量-蓄积量模型的拟合与检验效果。总的来说，利用式（8-5）建立的黑龙江省大兴安岭林区 6 个林分类型总量、地上和树干生物量模型的预测精度较好，也能较好地对各林分类型生物量进行估计。

表 8-10　黑龙江省大兴安岭林区各林分类型生物量换算系数连续函数模型拟合与检验结果

林分类型	分项	方程	R_a^2	RMSE	MPE%	MAE%	P%
白桦林	总量	—	0.987	4.68	0.37	5.54	99.61
	地上	—	0.986	3.73	0.57	5.69	99.59
	树根	$W_r = [H/(-6.4190+5.0314H)]\,V$	0.981	1.30	−0.25	6.03	99.53
	树干	$W_s = 0.5818 D_g^{0.1612} H^{-0.1548} V$	0.989	2.65	0.28	5.17	99.64
	树枝	$W_b = 0.0234 D_g^{0.8251} H^{-0.2224} V$	0.947	1.24	1.89	10.45	99.11
	树叶	$W_f = 0.5818 D_g^{0.4265} H^{-0.3462} V$	0.970	0.19	1.43	7.64	99.41
	树冠		0.954	1.39	1.81	9.57	99.19

续表

林分类型	分项	方程	R_a^2	RMSE	MPE%	MAE%	P%
阔叶混交林	总量	—	0.886	16.13	2.15	13.48	98.61
	地上	—	0.880	13.18	2.32	13.73	98.56
	树根	$W_r=0.3121D_q^{0.3387}H^{-0.4774}V$	0.885	3.32	1.53	14.41	98.64
	树干	$W_s=0.6818D_q^{0.3569}H^{-0.3792}V$	0.929	7.67	1.36	10.75	98.93
	树枝	$W_b=0.0510D_q^{1.2136}H^{-0.8405}V$	0.679	5.29	5.62	32.60	96.90
	树叶	$W_f=0.0416D_q^{0.4234}H^{-0.6073}V$	0.798	0.53	6.06	18.40	97.51
	树冠	—	0.694	5.77	5.68	28.60	97.14
落叶松林	总量	—	0.982	7.74	−0.39	5.04	99.68
	地上	—	0.982	5.69	−0.04	4.96	99.68
	树根	$W_r=[D_q/(17.9149+2.9956D_q)]V$	0.976	2.45	−1.37	6.24	99.61
	树干	$W_s=0.4215D_q^{0.0834}H^{0.0373}V$	0.986	4.25	−0.66	4.41	99.72
	树枝	$W_b=[D_q/(17.3856+12.1882D_q)]V$	0.881	1.65	−0.79	13.64	99.12
	树叶	$W_f=[D_q/(60.7002+41.6949D_q)]V$	0.700	0.59	−14.61	20.24	98.84
	树冠	—	0.890	1.92	−3.74	12.41	99.24
杨桦林	总量	—	0.948	11.35	1.05	8.89	98.77
	地上	—	0.953	8.58	1.18	7.96	98.83
	树根	$W_r=0.1805D_q^{0.2991}H^{-0.3123}V$	0.887	3.54	0.57	15.50	98.12
	树干	$W_s=0.5210D_q^{0.1547}H^{-0.1265}V$	0.967	5.90	0.60	6.90	99.03
	树枝	$W_b=0.0163D_q^{1.0222}H^{-0.3675}V$	0.816	2.78	4.31	19.70	97.21
	树叶	$W_f=0.0183D_q^{0.3197}H^{-0.2900}V$	0.862	0.43	3.19	14.83	98.04
	树冠	—	0.825	3.18	4.11	18.42	97.39
针阔混交林	总量	—	0.958	9.35	0.60	5.98	99.55
	地上	—	0.960	6.85	0.66	5.76	99.56
	树根	$W_r=0.1962D_q^{0.1381}H^{-0.0829}V$	0.913	3.34	0.43	8.93	99.33
	树干	$W_s=0.4958D_q^{0.1589}H^{-0.0937}V$	0.971	4.87	0.39	5.11	99.63
	树枝	$W_b=0.0371D_q^{0.6510}H^{-0.3035}V$	0.771	2.45	2.17	14.24	98.81
	树叶	$W_f=[H/(-82.3609+51.9178H)]V$	0.842	0.41	1.22	12.28	99.16
	树冠	—	0.793	2.76	1.99	13.29	98.92
针叶混交林	总量	—	0.938	12.11	0.43	9.27	98.79
	地上	—	0.964	7.23	0.09	8.17	99.07
	树根	$W_r=[N/(800.6921+4.9338N)]V$	0.735	5.99	1.65	19.96	97.27
	树干	$W_s=[D_q/(1.2100+1.7963D_q)]V$	0.955	6.90	−0.57	9.53	98.95
	树枝	$W_b=0.0719D_q^{0.1198}H^{-0.1259}V$	0.912	1.28	2.59	12.27	98.58
	树叶	$W_f=0.0309D_q^{0.2652}H^{-0.3281}V$	0.692	0.88	5.91	21.01	97.49
	树冠	—	0.919	1.63	3.51	12.54	98.70

8.4.3.3 吉林省长白山林区主要林分类型生物量换算系数连续函数法

由表 8-11 可知，绝大多数模型的 R_a^2 都在 0.8 以上，RMSE 都小于 $20\text{t}\cdot\text{hm}^{-2}$。所有模型的预测精度 $P\%$ 都在 95%以上。总的来说，利用式（8-5）建立的吉林省长白山林区 9 个林分类型总量、地上和树干生物量模型的预测精度较好，也能较好地对各林分类型生物量进行估计。

表8-11 吉林省长白山林区各林分类型生物量换算系数连续函数模型拟合与检验结果

林分类型	分项	方程	R_a^2	RMSE	MPE%	MAE%	$P\%$
白桦林	总量	—	0.985	6.79	−0.25	3.77	99.45
	地上	—	0.984	5.71	−0.37	4.08	99.41
	树根	$W_r=[D_q/(-3.9913+5.7200D_q)]V$	0.979	3.88	0.20	4.38	99.40
	树干	$W_s=[D_q/(2.5177+1.7279D_q)]V$	0.986	1.57	−0.22	3.25	99.48
	树枝	$W_b=[D_q/(103.8135+1.2689D_q)]V$	0.945	2.40	−1.06	9.93	98.67
	树叶	$W_f=[D_q/(101.4061+32.5157D_q)]V$	0.963	0.32	−0.13	6.45	99.13
	树冠	—	0.952	2.60	−0.91	8.97	98.81
阔叶混交林	总量	—	0.932	18.08	0.48	8.42	99.70
	地上	—	0.926	15.55	0.45	8.70	99.67
	树根	$W_r=[N/(-70.6721+6.0504N)]V$	0.907	3.80	0.60	9.79	99.67
	树干	$W_s=[D_q/(5.0873+1.5771D_q)]V$	0.960	8.41	0.00	6.79	99.77
	树枝	$W_b=[D_q/(71.5891+3.6766D_q)]V$	0.664	8.71	2.21	21.47	99.05
	树叶	$W_f=[D_q/(-134.2730+52.0772D_q)]V$	0.856	0.60	0.69	11.34	99.62
	树冠	—	0.696	9.03	1.99	19.20	99.16
落叶松林	总量	—	0.991	8.48	−1.07	3.82	99.42
	地上	—	0.992	5.45	−0.79	3.09	99.49
	树根	$W_r=[D_q/(15.0352+3.2307D_q)]V$	0.980	3.60	−1.82	6.89	99.11
	树干	$W_s=[D_q/(2.0596+1.6647D_q)]V$	0.992	4.80	−0.88	3.33	99.48
	树枝	$W_b=[D_q/(-2.5053+15.2281D_q)]V$	0.947	1.49	−0.40	9.28	98.64
	树叶	$W_f=[D_q/(-469.3570+89.6525D_q)]V$	0.923	0.37	1.00	11.32	98.61
	树冠	—	0.953	1.68	−0.13	8.49	98.77
落叶松人工林	总量	—	0.984	6.50	−0.78	6.14	99.23
	地上	—	0.987	4.61	−0.60	5.60	99.31
	树根	$W_r=[D_q/(33.7667+4.8766D_q)]V$	0.965	2.00	−1.48	8.98	98.83
	树干	$W_s=[D_q/(10.4102+1.4646D_q)]V$	0.983	4.54	−1.13	5.28	99.20
	树枝	$W_b=[D_q/(-41.4842+19.3514D_q)]V$	0.941	0.97	−0.59	7.83	98.72
	树叶	$W_f=[D_q/(-590.6420+98.4307D_q)]V$	0.530	0.82	10.41	24.71	96.06
	树冠	—	0.932	1.33	2.30	11.55	98.56

续表

林分类型	分项	方程	R_a^2	RMSE	MPE%	MAE%	P%
山杨林	总量	—	0.975	11.31	0.07	6.34	99.04
	地上	—	0.971	10.12	-0.04	7.35	98.96
	树根	$W_r = [D_q/(-10.0804+8.3685D_q)] V$	0.971	1.93	0.56	6.76	99.06
	树干	$W_s = [D_q/(3.4283+1.7910D_q)] V$	0.977	7.07	-0.41	7.65	99.10
	树枝	$W_b = [D_q/(136.8399+1.7712D_q)] V$	0.880	4.35	1.53	14.83	97.28
	树叶	$W_f = [D_q/(-78.6967+56.8861D_q)] V$	0.937	0.43	1.13	11.20	98.59
	树冠	—	0.891	4.69	1.47	13.81	97.54
柞树林	总量	—	0.890	31.72	0.35	12.58	98.74
	地上	—	0.886	27.34	0.20	12.94	98.65
	树根	$W_r = [D_q/(-4.6791+5.1424D_q)] V$	0.883	5.11	0.98	12.10	98.94
	树干	$W_s = [D_q/(3.3652+1.4479D_q)] V$	0.900	15.43	0.60	11.87	98.91
	树枝	$W_b = [D_q/(72.7284+0.1516D_q)] V$	0.820	13.35	-0.92	25.23	97.52
	树叶	$W_f = [D_q/(-32.2793+38.3100D_q)] V$	0.873	0.72	0.63	12.65	98.87
	树冠	—	0.829	13.77	-0.76	22.38	97.71
杨桦林	总量	—	0.923	15.19	1.07	8.33	99.58
	地上	—	0.925	12.16	0.87	8.36	99.66
	树根	$W_r = [D_q/(-4.5520+6.3292D_q)] V$	0.884	3.59	1.90	9.56	99.90
	树干	$W_s = [D_q/(2.6551+1.6694D_q)] V$	0.924	9.33	0.98	7.98	99.17
	树枝	$W_b = [D_q/(133.4412+0.2270D_q)] V$	0.859	3.54	0.43	14.78	99.90
	树叶	$W_f = [D_q/(237.0730+27.9116D_q)] V$	0.867	0.57	0.34	12.45	99.98
	树冠	—	0.871	3.92	0.41	14.05	99.89
针阔混交林	总量	—	0.954	14.56	0.30	7.73	99.49
	地上	—	0.953	11.53	0.31	7.51	99.48
	树根	$W_r = [D_q/(8.1024+5.3007D_q)] V$	0.911	4.57	0.27	11.25	99.28
	树干	$W_s = [D_q/(2.2799+1.9224D_q)] V$	0.956	8.90	0.27	7.42	99.50
	树枝	$W_b = [D_q/(47.5331+8.1051D_q)] V$	0.825	3.97	0.53	14.57	98.84
	树叶	$W_f = [D_q/(-194.9340+54.1812D_q)] V$	0.811	0.84	0.31	15.79	99.03
	树冠	—	0.844	4.44	0.49	13.77	98.96
针叶混交林	总量	—	0.951	19.30	0.07	6.88	99.12
	地上	—	0.933	16.60	0.45	7.74	99.00
	树根	$W_r = [D_q/(22.8489+4.2751D_q)] V$	0.953	5.13	-1.09	9.54	99.05
	树干	$W_s = [D_q/(1.7340+2.1111D_q)] V$	0.931	14.20	0.10	8.06	98.95
	树枝	$W_b = [H/(-9.1670+14.2319H)] V$	0.826	3.72	1.68	12.65	98.33
	树叶	$W_f = [D_q/(-406.2050+62.8217D_q)] V$	0.672	1.47	3.16	21.49	98.09
	树冠	—	0.835	4.53	2.06	13.43	98.50

8.4.3.4 黑龙江省小兴安岭、长白山林区主要林分类型生物量换算系数连续函数法

从表8-12可以看出,绝大多数模型的R_a^2都在0.7以上,RMSE都小于15t·hm^{-2}。所有模型的预测精度$P\%$都在90%以上。总的来说,利用式（8-5）建立的黑龙江省12个林分类型总量、地上和树干生物量模型的预测精度较好,能较好地对各林分类型生物量进行估计。

表8-12 黑龙江省小兴安岭、长白山林区各林分类型生物量换算系数连续函数模型拟合与检验结果

林分类型	分项	方程	R_a^2	RMSE	MPE%	MAE%	$P\%$
白桦林	总量	—	0.981	5.46	0.33	5.39	99.07
	地上	—	0.981	4.34	0.21	5.57	99.05
	树根	$W_r=[D_q/(-7.7814+5.2684D_q)]V$	0.977	1.28	0.76	6.12	99.03
	树干	$W_s=[H/(-0.7161+1.7316H)]V$	0.984	3.09	0.44	5.16	99.15
	树枝	$W_b=[H/(71.1504+2.3594H)]V$	0.940	1.46	-0.76	11.12	98.05
	树叶	$W_f=[D_q/(52.1765+31.5260D_q)]V$	0.967	0.22	-0.44	7.53	98.71
	树冠	—	0.948	1.64	-0.70	10.18	98.22
黑桦林	总量	—	0.975	5.96	0.02	6.81	98.06
	地上	—	0.972	5.27	-0.09	7.49	97.85
	树根	$W_r=[D_q/(-11.7444+5.7857D_q)]V$	0.972	1.11	0.46	6.84	98.18
	树干	$W_s=[D_q/(3.0469+1.3313D_q)]V$	0.980	3.14	0.55	6.61	98.31
	树枝	$W_b=[D_q/(105.2694-1.7441D_q)]V$	0.914	2.51	-1.95	16.66	94.83
	树叶	$W_f=[D_q/(-133.4280+40.7349D_q)]V$	0.959	0.22	-3.14	11.30	97.79
	树冠	—	0.927	2.58	-2.14	14.60	95.58
红松人工林	总量	—	0.788	19.26	2.54	14.95	94.89
	地上	—	0.755	15.64	2.73	15.97	94.53
	树根	$W_r=[H/(-7.4947+5.4000H)]V$	0.879	3.77	1.90	13.22	95.62
	树干	$W_s=[N/(369.6842+1.5593N)]V$	0.783	10.48	3.29	15.83	95.00
	树枝	$W_b=0.1087D_q^{0.1196}H^{0.1086}V$	0.624	3.92	3.30	24.12	91.47
	树叶	$W_f=0.2835D_q^{-0.2446}H^{0.2737}V$	0.611	2.04	-2.43	26.62	92.46
	树冠	—	0.658	5.45	1.18	21.79	92.49
阔叶混交林	总量	—	0.910	16.13	0.04	9.83	99.35
	地上	—	0.902	13.77	-0.09	10.18	99.31
	树根	$W_r=[H/(-6.0790+5.4717H)]V$	0.897	3.23	0.53	10.73	99.36
	树干	$W_s=0.5193D_q^{0.1529}H^{0.0981}V$	0.946	7.41	-0.06	8.23	99.52
	树枝	$W_b=[D_q/(79.2051+1.2886D_q)]V$	0.656	7.10	-0.30	23.75	98.14
	树叶	$W_f=[D_q/(-84.3635+42.2363D_q)]V$	0.870	0.48	0.34	12.41	99.31
	树冠	—	0.687	7.40	-0.21	21.18	98.36

续表

林分类型	分项	方程	R_a^2	RMSE	MPE%	MAE%	P%
落叶松林	总量	—	0.954	14.07	-2.12	13.77	95.70
	地上	—	0.961	9.38	-2.05	13.41	96.13
	树根	$W_r=[D_q/(44.2954+1.1820D_q)]V$	0.904	5.59	-2.32	19.25	93.39
	树干	$W_s=0.2638D_q^{0.6084}H^{-0.3052}V$	0.961	8.14	-1.68	13.63	96.05
	树枝	$W_b=0.0893D_q^{0.5372}H^{-0.5798}V$	0.910	1.67	-5.16	26.12	93.72
	树叶	$W_f=[D_q/(-320.5650+69.0763D_q)]V$	0.958	0.24	-1.43	13.35	96.59
	树冠	—	0.928	1.79	-4.38	21.30	94.74
落叶松人工林	总量	—	0.936	11.33	2.82	14.20	98.21
	地上	—	0.934	9.04	2.95	14.42	98.21
	树根	$W_r=[D_q/(43.1398+3.0221D_q)]V$	0.936	2.39	2.32	13.62	98.12
	树干	$W_s=[D_q/(11.8721+0.9735D_q)]V$	0.939	7.70	3.05	14.23	98.20
	树枝	$W_b=[D_q/(-14.7782+14.9115D_q)]V$	0.878	1.24	2.20	15.16	97.79
	树叶	$W_f=[D_q/(-267.4450+57.5741D_q)]V$	0.640	0.68	2.90	22.31	96.75
	树冠	—	0.842	1.81	2.40	16.86	97.65
山杨林	总量	—	0.968	9.70	1.80	8.31	98.10
	地上	—	0.968	8.07	1.89	8.44	98.08
	树根	$W_r=[D_q/(-7.7200+0.1178D_q)]V$	0.963	1.82	1.36	9.21	97.93
	树干	$W_s=[H/(-2.5225+2.0046H)]V$	0.963	6.96	2.06	9.20	98.01
	树枝	$W_b=[D_q/(107.0625+3.9071D_q)]V$	0.910	2.31	1.27	14.37	95.94
	树叶	$W_f=[D_q/(13.5491+49.5804D_q)]V$	0.959	0.29	0.09	10.08	97.67
	树冠	—	0.922	2.53	1.07	13.15	96.36
杨树人工林	总量	—	0.985	4.11	-0.33	6.17	98.06
	地上	—	0.984	3.28	-0.44	6.17	97.99
	树根	$W_r=[H/(16.5625+7.1240H)]V$	0.987	0.88	0.06	6.30	98.18
	树干	$W_s=0.2472D_q^{0.1340}H^{-0.0461}V$	0.983	2.55	-0.55	6.14	97.94
	树枝	$W_b=[D_q/(70.9902+8.7291D_q)]V$	0.986	0.62	-0.35	6.56	97.97
	树叶	$W_f=[D_q/(-23.3672+49.6218D_q)]V$	0.977	0.18	0.73	6.34	97.77
	树冠	—	0.986	0.76	-0.12	6.37	98.02
柞树林	总量	—	0.963	11.97	1.40	6.75	99.24
	地上	—	0.957	10.72	1.55	7.60	99.14
	树根	$W_r=0.2709D_q^{-0.0224}H^{-0.0124}V$	0.972	1.85	0.78	5.44	99.43
	树干	$W_s=[D_q/(3.4101+1.1859D_q)]V$	0.975	5.53	1.08	5.52	99.40
	树枝	$W_b=[D_q/(70.6539+0.2149D_q)]V$	0.861	6.14	3.41	23.68	97.81
	树叶	$W_f=0.0213D_q^{-0.0248}H^{0.2141}V$	0.944	0.35	-0.48	7.41	99.19
	树冠	—	0.879	6.17	2.89	18.80	98.09
樟子松人工林	总量	—	0.861	14.41	0.42	12.41	99.61
	地上	—	0.867	11.75	0.64	12.29	99.61

续表

林分类型	分项	方程	R_a^2	RMSE	MPE%	MAE%	P%
樟子松人工林	树根	$W_r=[D_q/(-25.6700+7.3893D_q)]V$	0.791	3.14	−0.56	14.97	99.53
	树干	$W_s=0.3063D_q^{0.2638}H^{0.0044}V$	0.872	9.49	0.77	12.15	99.60
	树枝	$W_b=0.0809D_q^{0.3271}H^{-0.2820}V$	0.866	1.41	−0.60	12.86	99.61
	树叶	$W_f=[D_q/(-71.0595+22.4834D_q)]V$	0.628	1.31	1.30	19.74	99.39
	树冠	—	0.819	2.51	0.10	14.31	99.57
针阔混交林	总量	—	0.939	14.07	1.26	11.19	98.75
	地上	—	0.936	11.33	1.21	11.47	98.69
	树根	$W_r=[H/(-2.1908+5.6433H)]V$	0.910	3.75	1.41	12.13	98.53
	树干	$W_s=[D_q/(-1.3193+2.0249D_q)]V$	0.941	8.38	1.07	10.13	98.83
	树枝	$W_b=[D_q/(58.0685+5.6768D_q)]V$	0.794	4.24	0.60	15.51	97.08
	树叶	$W_f=[D_q/(-507.2690+78.1762D_q)]V$	0.473	1.40	6.05	42.72	91.61
	树冠	—	0.803	4.90	1.76	23.34	96.84
针叶混交林	总量	—	0.920	14.29	0.78	10.12	97.82
	地上	—	0.906	11.79	0.92	10.37	97.65
	树根	$W_r=[D_q/(14.2890+4.8830D_q)]V$	0.932	3.22	0.29	10.40	97.86
	树干	$W_s=[D_q/(0.6756+2.1000D_q)]V$	0.899	9.91	0.89	10.70	97.55
	树枝	$W_b=0.0631D_q^{0.3538}H^{-0.2781}V$	0.872	2.10	0.75	13.08	97.01
	树叶	$W_f=[D_q/(-156.9210+43.4676D_q)]V$	0.758	0.86	1.88	15.80	96.74
	树冠	—	0.881	2.59	1.06	12.24	97.32

8.5 讨 论

对于包含林分变量的生物量方程系统（SBESV），每公顷断面积被选为预测变量来预测总量及各分项生物量。这验证了之前的研究，即当预测总量及各分项生物量时，每公顷断面积是最重要的变量（Castedo-Dorado et al., 2012; Bi et al., 2010; Husch et al., 2003; Snowdon, 1992）。对于东北林区各林分类型生物量-林分变量模型来说，每公顷断面积的参数估计值都为正值，这表明林分生物量随每公顷断面积的增加而增加。然而，对于给定的每公顷断面积值，林分总量及各分项生物量存在一定的变异。因此，为了提高林分生物量-林分变量模型的预测精度，第二变量的选择是有必要的。对于大多数林分类型来说，林分平均高是较好的第二预测变量（Wang et al., 2008），但有些分项在添加林分平均高后参数未能通过 t 检验。

为了反映林龄与木材密度、叶面积指数的变化关系，一些研究者（Bi et al., 2010）将林龄作为变量添加到林分生物量模型中。特别是林龄对树皮和树叶的影响被广泛认可，由于树皮和树叶是幼龄林的重要组成部分，但在林龄较大的林地，它们是次要的组成部分（Bi et al., 2010; Antonio et al., 2007）。因此，考虑到林龄获取较难，本研究并没有将其作为变量加入到林分生物量模型中。此外，在林分生物量模型构造的过程中并未明确地考虑采伐、整枝和施肥等森林经营活动，而这些活动可能会影响林分各分项生物量的累积和分配比例（Timothyj et al., 2009）。这可能导致对林分生物量的估算是有偏的，至少对进行这些经营活动后一些年的林分生物量估算是有影响的。

到目前为止，许多学者利用生物量与蓄积量的关系推算了某些森林类型的生物量。Fang 等（1998）指出将生物量与蓄积量之比假定为恒定常数是不恰当的，并建立了生物量和蓄积量的线性关系。但对于大多数林分类型来说，其建立的这种线性关系的样本量明显不足，且将生物量与蓄积量简单处理为线性关系也存在一定的争议。许多研究者改进了生物量和蓄积量关系模型。就本研究数据而言，幂函数模型最适合来描述东北林区各林分类型生物量和蓄积量的关系。与林分生物量-林分变量模型类似，本研究林分生物量-林分蓄积量模型也未考虑采伐等森林经营活动，这可能导致对林分生物量的估计产生一定的偏差。

此外，本研究还从生物量换算系数角度详细阐述了估算林分生物量的另外两种方法：固定生物量换算系数法和生物量换算系数连续函数法。许多研究表明（Gonzalez-Garcia et al., 2013；Castedo-Dorado et al., 2012；Teobaldelli et al., 2009；Soares and Tomé, 2004），生物量换算系数 BEF 与林分变量存在一定函数关系，如幂函数、指数函数、Schumacher 方程和其他非线性方程等。本研究表明，林分平均直径、林分平均高是描述 BEF 的最好变量，且 BEF 模型形式不固定。因此，这些变量应当被添加到拟合生物量模型过程中（Gonzalez-Garcia et al., 2013；Castedo-Dorado et al., 2012）。许多研究利用林龄和蓄积量等作为独立变量来预测 BEF（Lehtonen et al., 2004；Jenkins et al., 2003）。虽然这些变量并没有被考虑到本研究中，但是这些变量在某种程度上能代替林分的发展。

至于选择最适当的方法来估算林分生物量，结果具有不确定性。一方面，林分生物量-林分变量模型、林分生物量-林分蓄积量和生物量换算系数连续函数法具有类似的预测精度。然而，对于树干、地上和总生物量方程，绝大多数林分类型的材积源生物量法（林分生物量-林分蓄积量和生物量换算系数连续函数法）似乎预测效果更好（图 8-1）。可能的原因为林分蓄积和林分树干生物量具有紧密的关系，且林分树干生物量占林分总生物量、地上生物量的比例最大（Bi et al., 2001）。另一方面，一些林分类型用林分生物量-林分变量模型来估算生物量更好（图 8-1）。可能的原因是在模拟 BEF 时，产生了一定的偏差（Castedo-Dorado et al., 2012）。总的来看，林分生物量-林分蓄积量和生物量换算系数连续函数法都属于材积源生物量法，其本质与林分生物量-林分变量模型不同，但三者的预测精度相当，而固定生物量换算系数的预测能力较差，这再次验证了将生物量与蓄积量之比假定为恒定常数是不恰当的（图 8-1~图 8-3）。

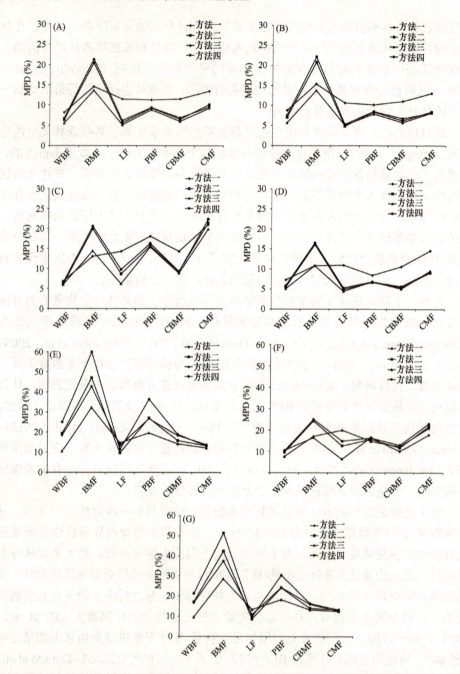

图 8-1 黑龙江省大兴安岭林区各林分类型不同生物量估算方法的平均百分比差

(A) 总量；(B) 地上生物量；(C) 地下生物量（树根生物量）；(D) 树干生物量；(E) 树枝生物量；(F) 树叶生物量；(G) 树冠生物量。WBF 为白桦林；BMF 为阔叶混交林；LF 为落叶松林；CBMF 为针阔混交林；CMF 为针叶混交林；PBF 为杨桦林。方法一为林分生物量-林分变量模型；方法二为林分生物量-林分蓄积量模型；方法三为生物量换算系数连续函数法；方法四为固定生物量换算系数法

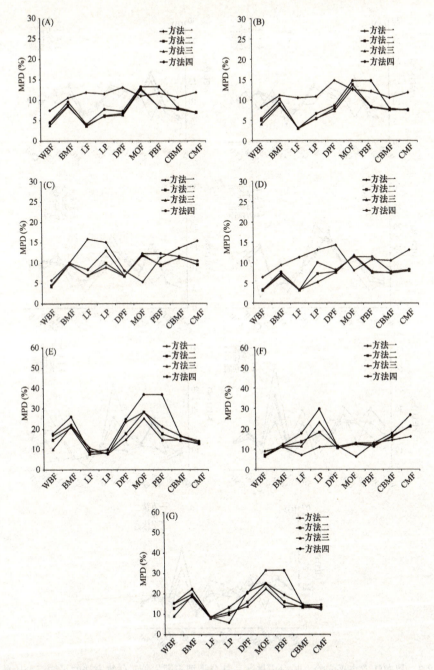

图 8-2 吉林省长白山林区各林分类型不同生物量估算方法的平均百分比差

(A) 总量；(B) 地上生物量；(C) 地下生物量（树根生物量）；(D) 树干生物量；(E) 树枝生物量；(F) 树叶生物量；(G) 树冠生物量。WBF 为白桦林；BMF 为阔叶混交林；LF 为落叶松林；LP 为落叶松人工林；DPF 为山杨林；MOF 为柞树林；CBMF 为针阔混交林；CMF 为针叶混交林；PBF 为杨桦林。方法一为林分生物量-林分变量模型；方法二为林分生物量-林分蓄积量模型；方法三为生物量换算系数连续函数法；方法四为固定生物量换算系数法

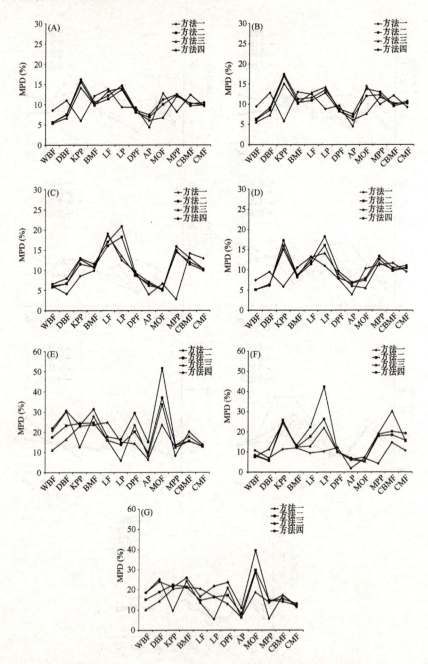

图 8-3 黑龙江省小兴安岭、长白山林区各林分类型不同生物量估算方法的平均百分比差
(A) 总量；(B) 地上生物量；(C) 地下生物量（树根生物量）；(D) 树干生物量；(E) 树枝生物量；(F) 树叶生物量；(G) 树冠生物量。WBF 为白桦林；DBF 为黑桦林；KPP 为红松人工林；BMF 为阔叶混交林；LF 为落叶松林；LP 为落叶松人工林；DPF 为山杨林；AP 为杨树人工林；MOF 为柞树林；MPP 为樟子松人工林；CBMF 为针阔混交林；CMF 为针叶混交林。方法一为林分生物量-林分变量模型；方法二为林分生物量-林分蓄积量模型；方法三为生物量换算系数连续函数法；方法四为固定生物量换算系数法

8.6 本章小结

本章利用东北林区27个林分类型林分生物量数据,构建其林分生物量模型。结果表明,本研究所建立的林分总量、地上和树干生物量模型拟合和预测效果较好,而地下(树根)、树叶和树枝生物量模型拟合和预测效果较差。总体来说,本研究所建立的东北林区主要林分类型三类林分生物量模型的拟合效果较好,其预测精度基本都在90%以上,都能对东北林区主要林分类型生物量进行很好的估计。

第 9 章　结论与展望

9.1　结　　论

生物量作为生态系统的基本功能指标,是评价生态系统服务功能的基础参数,一直受到森林生态学家的高度关注。自 20 世纪 60 年代中期国际生物学计划(IBP)执行以来,森林生态系统生物量的研究就没有间断过。在全球范围内,针对从北方针叶林、温带阔叶林、暖温带常绿阔叶林、地中海硬叶阔叶林一直到热带雨林都开展了森林生态系统生物量研究。东北林区是我国最大的天然林区,主要分布在大兴安岭、小兴安岭和长白山,以中温带针叶-落叶阔叶混交林为主。

9.1.1　主要结论

本研究利用东北林区 17 个树种生物量实测数据及 27 个林分类型固定样地数据对东北林区主要树种及林分类型生物量估算进行研究。得出以下结论。

(1) 选择对数转换的线性回归还是非线性回归主要依赖于异速生长方程的误差结构。如果异速生长方程的误差项是相加型的,非线性回归最为合适,其主要通过非线性最小二乘法拟合原始数据,而如果异速生长方程的误差项是相乘型的,对数转换的线性回归最为合适。似然分析法被认为更符合核心统计原则,更适合用来确定模型的误差结构。

(2) 3SPW 系统和 SUM(3) 系统不仅解决了生物量模型的不可加性,而且有较好的预测能力,是确保生物量可加性的不错选择。但是 3SPW 系统在模型估计和实际应用中较为复杂,而 SUM(3) 系统相对容易实现。

(3) 东北林区 17 个树种不同胸径大小树木的各器官生物量分配比例是不同的,其变化规律有一定的不稳定性,有些器官生物量分配比例随着胸径的增大而增大(或有增大的趋势),有些器官生物量分配比例随着胸径的增大而减小(或有减小的趋势),还有一些器官生物量分配比例不随胸径的变化而变化(或没有明显的增大或减小)。此外,本研究也表明东北林区 3 个主要人工林针叶树种不同龄级会影响其各器官生物量相对分配比例。

(4) 东北林区各树种树干生物量所占百分比最大,为 62.5%,紧随其后的是树根生物量,其所占百分比为 22.0%,而树枝和树叶生物量百分比较小,分别为 11.2%和 4.3%。此外,东北林区各树种地上生物量与地下生物量有着明显的线性关系，其根茎比变化范围为 0.196~0.378。

（5）本研究所建立的聚合型可加性生物量模型中，总量、地上和树干生物量模型拟合和预测效果较好，而树叶和树枝生物量模型拟合和预测效果较差。所建立的东北林区主要树种总量与各分项生物量模型的拟合效果较好，其预测精度基本都在80%以上，都能对东北林区主要树种生物量进行很好的估计。

（6）东北林区各林分类型生物量分配给树干、树枝、树叶和树根的比例存在巨大的差异，其生物量分配比例与林分平均直径、林分平均高和林分密度也有明显规律性，且变化趋势并不相同。其中，黑龙江省大兴安岭林区各林分类型树干、树根、树枝和树叶的分配比例平均值分别为 64.1%、23.0%、10.2%和2.7%；吉林省长白山林区各林分类型树干、树根、树枝和树叶的分配比例平均值分别为 63.1%、21.4%、12.5%和3.0%；黑龙江省小兴安岭、长白山林区各林分类型树干、树根、树枝和树叶的分配比例平均值分别为 62.8%、21.4%、11.9%和3.9%。

（7）不同林分类型的根茎比存在一定的差异，且绝大多数林分类型根茎比与林分平均直径、林分平均高和林分密度存在极显著的相关关系。不同地区各林分类型平均值根茎比为 0.210~0.370，其平均值为 0.280。其中，黑龙江省大兴安岭林区根茎比平均值为 0.300；吉林省长白山林区根茎比平均值为 0.275；黑龙江省小兴安岭、长白山林区根茎比平均值为 0.274。

（8）本研究所建立的林分总量、地上和树干生物量模型拟合和预测效果较好，而地下（树根）、树叶和树枝生物量模型拟合和预测效果较差。所建立的东北林区主要林分类型三类林分生物量模型的拟合效果较好，其预测精度基本都在90%以上，都能对东北林区主要林分类型生物量进行很好的估计。

（9）至于选择最适当的方法来估算林分生物量，结果具有不确定性。林分生物量-林分蓄积量和生物量换算系数连续函数法都属于材积源生物量法，其本质与林分生物量-林分变量模型不同，但三者的预测精度相当，而固定生物量换算系数的预测能力较差。

（10）本研究从模型误差结构确定、可加性生物量模型结构、生物量分配比例和根茎比变化规律等方面进行深入研究，为即将开展的全国森林生物量和碳储量建模与监测的评估提供技术支持和计量依据。

9.1.2 主要创新点

本研究的创新点主要体现在以下4个方面。

（1）对立木生物量模型的误差结构进行深入探讨，将似然分析法应用于生物量模型误差结构的判断。

（2）对两种可加性生物量模型（分解型和聚合型）的内在联系和各自特点进行深入分析，并对两种估算方法（TESM 和 SUR）进行了评价。

（3）利用似然分析法进行东北林区 17 个主要树种生物量模型误差结构的确定，之后采用聚合型可加性生物量模型，建立了东北林区 17 个主要树种总量、地上和树冠生物量与各分项生物量相容的方程系统，并采用"刀切法"进行模型检验。

（4）以区域为单位，采用聚合型可加性生物量模型建立了东北林区 27 个主要林分类型（黑龙江省大兴安岭林区 6 个、吉林省长白山林区 9 个和黑龙江省小兴安岭、长白山林区 12 个）总量、地上和树冠生物量与各分项生物量相容的方程系统，为大区域生物量的估算提供了依据。

9.1.3 主要不足之处

在本研究所建立的生物量模型中，总量、地上和树干生物量模型拟合和预测效果较好，树叶和树枝生物量模型拟合和预测效果较差。可能是抽样误差的存在使数据变动范围增大，影响了模型拟合和预测效果。今后在外业过程中应多取样，并在标准木砍伐时尽量避免损失枝、叶的生物量。

（1）在估算林分生物量时，准确估计大径阶林木的生物量尤为关键，因为大径阶林木在林分中所占的生物量比例较大。本研究中，只有天然红松最大胸径超过了 80cm，其余树种最大的胸径都<50cm。因此，本研究所建立的生物量对估算东北林区人工林和天然次生林较为适宜，对预测原始林生物量可能产生较大的预测误差。缺乏大胸径生物量数据是国内外研究生物量模型所遇到的最大问题，对于所建立的生物量模型对预测超出模型建模样本范围的树木是否产生较大的误差，以及误差的不确定分析，本研究没有进行研究。

（2）本研究缺乏某些树种的生物量模型，如枫桦和黄菠萝，在以后应加强对这两个树种数据的搜集。

9.2 展　　望

本研究构建了东北林区 17 个主要树种和 27 个主要林分类型可加性生物量模型，为全国性森林生物量和碳储量的监测提供计量依据。迄今为止，很多国家开展了国家级的森林生物量监测，建立了适合较大区域范围的通用性立木生物量模型。但是，国内外没有统一的方法来计算各树种的生物量，每个国家或地区都有自己的一套标准或方案来搜集生物量数据，且建立生物量模型的方法不尽相同，这为估算全球尺度生物量和碳储量添加了一定的不确定性。因此，制定国家森林生物量建模样本采集技术规定和模型建立办法势在必行。只有按照一定的规范进行生物量采样和建模，所建立的生物量模型在估算全国及全球尺度生物量和碳储量时才更为有效。

参 考 文 献

陈炳浩, 陈楚莹. 1980. 沙地红皮云杉森林群落生物量和生产力的初步研究. 林业科学, 16(4): 269-278.
党承林, 吴兆录. 1994. 元江栲群落的生物量研究. 云南大学学报: 自然科学版, 16(3): 195-199.
董德进, 周国模, 杜华强, 等. 2011. 6种地形校正方法对雷竹林地上生物量遥感估算的影响. 林业科学, 47(12): 1-8.
董利虎, 李凤日, 贾炜玮, 等. 2011. 含度量误差的黑龙江省主要树种生物量相容性模型. 应用生态学报, 22(10): 2653-2661.
董利虎, 李凤日, 贾炜玮. 2012. 黑龙江省红松人工林立木生物量估算模型的研建. 北京林业大学学报, 34(6): 16-22.
董利虎, 李凤日, 贾炜玮. 2013a. 东北林区天然白桦相容性生物量模型. 林业科学, 49(7): 75-85.
董利虎, 李凤日, 贾炜玮. 2013b. 林木竞争对红松人工林立木生物量影响及模型研究. 北京林业大学学报, 35(6): 15-22.
董利虎, 李凤日, 宋玉文. 2015a. 东北林区4个天然针叶树种单木生物量模型误差结构及可加性模型. 应用生态学报, 26(3): 704-714.
董利虎, 张连军, 李凤日. 2015b. 立木生物量模型的误差结构和可加性. 林业科学, 51(2): 28-36.
董世仁, 关玉秀. 1980. 油松林生态系统的研究(Ⅰ)——山西太岳油松林的生产力初报. 北京林学院学报, (2): 1-20.
方精云, 刘国华, 徐嵩龄. 1996. 我国森林植被的生物量与净生产量. 生态学报, 16(4): 497-508.
方精云. 2000. 全球生态学——气候变化与生态响应. 北京: 高等教育出版社: 1-319.
冯宗炜, 陈楚楚, 张家武, 等. 1982. 湖南会同地区马尾松林生物量的测定. 林业科学, 18(2): 127-134.
冯宗炜, 王效科, 吴刚. 1999. 中国森林生态系统的生物量和生产力. 北京: 科学出版社: 1-241.
黄从德, 张健, 杨万勤, 等. 2007. 四川森林植被碳储量的时空变化. 应用生态学报, 18(12): 2687-2692.
黄金龙, 居为民, 郑光, 等. 2013. 基于高分辨率遥感影像的森林地上生物量估算. 生态学报, 33(20): 6497-6508.
李海奎, 雷渊才, 曾伟生. 2011. 基于森林清查资料的中国森林植被碳储量. 林业科学, 47(07): 7-12.
李海奎, 赵鹏祥, 雷渊才, 等. 2012. 基于森林清查资料的乔木林生物量估算方法的比较. 林业科学, 48(5): 44-52.
李明泽, 毛学刚, 范文义. 2014. 基于郁闭度联立方程组模型的森林生物量遥感估测. 林业科学, 50(2): 85-91.
李世东, 胡淑萍, 唐小明. 2013. 森林植被碳储量动态变化研究. 北京: 科学出版社: 1-299.
林开敏, 洪伟, 俞新妥, 等. 2001. 杉木人工林林下植物生物量的动态特征和预测模型. 林业科学, 37(S1): 99-105.
刘琦, 蔡慧颖, 金光泽. 2013. 择伐对阔叶红松林碳密度和净初级生产力的影响. 应用生态学报, 24(10): 2709-2716.
娄雪婷, 曾源, 吴炳方. 2011. 森林地上生物量遥感估测研究进展. 国土资源遥感, 23(1): 1-8.

罗天祥. 1996. 中国主要森林类型生物生产力格局及其数学模型. 北京: 中国科学院研究生院 (国家计划委员会自然资源综合考察委员会)博士学位论文: 1-211.

罗云建, 王效科, 张小全, 等. 2013. 中国森林生态系统生物量及其分配研究. 北京: 中国林业出版社: 43-101.

罗云建, 张小全, 侯振宏, 等. 2007. 我国落叶松林生物量碳计量参数的初步研究. 植物生态学报, 31(6): 1111-1118.

罗云建, 张小全, 王效科, 等. 2009. 森林生物量的估算方法及其研究进展. 林业科学, 45(8): 129-134.

马钦彦. 1989. 中国油松生物量的研究. 北京林业大学学报, 14(4): 1-10.

孟宪宇. 2006. 测树学. 3版. 北京: 中国林业出版社: 1-360.

潘维俦, 李利村, 高正衡, 等. 1978. 杉木人工林生态系统中的生物产量及其生产力的研究. 湖南林业科技, 6(5): 1-12.

汤旭光, 刘殿伟, 王宗明, 等. 2012. 森林地上生物量遥感估算研究进展. 生态学杂志, 31(5): 1311-1318.

唐守正, 郎奎建, 李海奎. 2008. 统计和生物数学模型计算. 北京: 科学出版社: 584-585.

唐守正, 张会儒, 胥辉. 2000. 相容性生物量模型的建立及其估计方法研究. 林业科学, 36(S1): 19-27.

佟健, 金光泽, 李凤日, 等. 2014. 黑龙江省不同龄组软阔混交林碳密度及其分配. 生态学杂志, 33(12): 3191-3202.

汪金松, 范秀华, 范娟, 等. 2012. 林木竞争对臭冷杉生物量分配的影响. 林业科学, 48(4): 14-20.

汪金松, 张春雨, 范秀华, 等. 2011. 臭冷杉生物量分配格局及异速生长模型. 生态学报, 31(14): 3918-3927.

王晓莉, 常禹, 陈宏伟, 等. 2014. 黑龙江省大兴安岭主要森林生态系统生物量分配特征. 生态学杂志, 33(6): 1437-1444.

王效科, 冯宗炜, 欧阳志云. 2011. 中国森林生态系统的植物碳储量和碳密度研究. 应用生态学报, 12(1): 13-16.

徐新良, 曹明奎. 2006. 森林生物量遥感估算与应用分析. 地球信息科学, 8(4): 122-128.

杨金明, 范文义, 李明泽, 等. 2011. 长白山林区森林生物量变化定量驱动分析. 应用生态学报, 22(1): 47-52.

于贵瑞. 2003. 全球变化与陆地生态系统循环与碳蓄积. 北京: 气象出版社: 119-123.

余朝林, 杜华强, 周国模, 等. 2012. 毛竹林地上部分生物量遥感估算模型的可移植性. 应用生态学报, 23(9): 2422-2428.

曾伟生, 骆期邦, 贺东北. 1999. 论加权回归与建模. 林业科学, 35(5): 5-11.

曾伟生, 唐守正. 2011a. 东北落叶松和南方马尾松地下生物量模型研建. 北京林业大学学报, 33(2): 1-6.

曾伟生, 唐守正. 2011b. 非线性模型对数回归的偏差校正及与加权回归的对比分析. 林业科学研究, 24(2): 137-143.

曾伟生, 唐守正. 2011c. 立木生物量方程的优度评价和精度分析. 林业科学, 47(11): 106-113.

曾伟生, 肖前辉, 胡觉, 等. 2010. 中国南方马尾松立木生物量模型研建. 中南林业科技大学学报, 30(5): 50-56.

翟晓江, 郝红科, 麻坤, 等. 2014. 基于 TM 的陕北黄龙山森林生物量模型. 西北林学院学报, 29(1): 41-45.

张茂震, 王广兴, 刘安兴. 2009. 基于森林资源连续清查资料估算的浙江省森林生物量及生产力. 林业科学, 45(9): 13-17.

Albert K, Annighöfer P, Schumacher J, et al. 2014. Biomass equations for seven different tree species growing in coppice-with-standards forests in Central Germany. Scandinavian Journal of Forest Research, 29(3): 210-221.

Anaya J A, Chuvieco E, Palaciosorueta A. 2009. Aboveground biomass assessment in Colombia: A remote sensing approach. Forest Ecology and Management, 257(4): 1237-1246.

Antonio N, Tome M, Tome J, et al. 2007. Effect of tree, stand, and site variables on the allometry of *Eucalyptus globulus* tree biomass. Canadian Journal of Forest Research, 37(5): 895-906.

Balboa-Murias M Á, Rodriguez-Soalleiro R, Merino A, et al. 2006. Temporal variations and distribution of carbon stocks in aboveground biomass of radiata pine and maritime pine pure stands under different silvicultural alternatives. Forest Ecology and Management, 237(1-3): 29-38.

Ballantyne F. 2013. Evaluating model fit to determine if logarithmic transformations are necessary in allometry: A comment on the exchange between Packard (2009) and Kerkhoff and Enquist (2009). Journal of Theoretical Biology, 317: 418-421.

Baskerville G L. 1965. Estimation of dry weight of tree components and total standing crop in conifer stands. Ecology, 46(6): 867-869.

Baskerville G. 1972. Use of logarithmic regression in the estimation of plant biomass. Canadian Journal of Forest Research, 2(1): 49-53.

Basuki T M, van Laake P E, Skidmore A K, et al. 2009. Allometric equations for estimating the above-ground biomass in tropical lowland Dipterocarp forests. Forest Ecology and Management, 257(8): 1684-1694.

Battulga P, Tsogtbaatar J, Dulamsuren C, et al. 2013. Equations for estimating the above-ground biomass of *Larix sibirica* in the forest-steppe of Mongolia. Journal of Forestry Research, 24(3): 431-437.

Bi H Q, Turner J, Lambert M J. 2004. Additive biomass equations for native eucalypt forest trees of temperate Australia. Trees-Structure and Function, 8(4): 467-479.

Bi H, Birk E, Turner J, et al. 2001. Converting stem volume to biomass with additivity, bias corrections and confidence bands for two Australian tree species. New Zealand Journal of Foresty Science, 31: 298-319.

Bi H, Long Y, Turner J, et al. 2010. Additive prediction of aboveground biomass for *Pinus radiata* (D. Don) plantations. Forest Ecology and Management, 259(12): 2301-2314.

Bondlamberty B, Wang C, Gower S T. 2002. Aboveground and belowground biomass and sapwood area allometric equations for six boreal tree species of northern Manitoba. Canadian Journal of Forest Research, 32(8): 1441-1450.

Bondlamberty B, Wang C, Gower S T. 2004. Net primary production and net ecosystem production of a boreal black spruce wildfire chronosequence. Global Change Biology, 10(4): 473-487.

Brown S L, Gillespie R, Lugo A E. 1989. Biomass estimation methods for tropical forests with application to forest inventory data. Forest Science, 36: 88-902.

Brown S, Lugo A E. 1984. Biomass of tropical forests: a new estimate based on forest volumes. Science, 233: 1290-1293.

Brown S. 2002. Measuring carbon in forests: current status and future challenges. Environmental

pollution, 16(3): 363-372.
Cai S, Kang X, Zhang L. 2013. Allometric models for aboveground biomass of ten tree species in northeast China. Annals of Forest Research, 56(1): 105-122.
Cairns M A, Brown S, Helmer E H, et al. 1997. Root biomass allocation in the world's upland forests. Oecologia, 111(1): 1-11.
Cannel M G R. 1982. World forest biomass and primary production data. London: Academic Press: 391.
Castedo-Dorado F, Gómez-García E, Diéguez-Aranda U, et al. 2012. Aboveground stand-level biomass estimation: a comparison of two methods for major forest species in northwest Spain. Annals of Forest Science, 69(6): 735-746.
Chan N, Takeda S, Suzuki R, et al. 2013. Establishment of allometric models and estimation of biomass recovery of swidden cultivation fallows in mixed deciduous forests of the Bago Mountains, Myanmar. Forest Ecology and Management, 304: 427-436.
Chiyenda S S. 2011. Additivity of component biomass regression equations when the underlying model is linear. Canadian Journal of Forest Research, 14(3): 441-446.
Clifford D, Cressie N, England J R, et al. 2013. Correction factors for unbiased, efficient estimation and prediction of biomass from log–log allometric models. Forest Ecology and Management, 310: 375-381.
Corte A P D, da Silva F. 2011. Biomass expansion factor and root-to-shoot ratio for *Pinus* in Brazil. Carbon balance and management, 6(1): 6.
Cunia T, Briggs R D. 1984. Forcing additivity of biomass tables: some empirical results. Canadian Journal of Forest Research, 14(3): 376-384.
Dong J R, Kaufmann R K, Myneni R B, et al. 2003. Remote sensing estimates of boreal and temperate forest woody biomass: carbon pools, sources, and sinks. Remote Sensing of Environment, 84(3): 393-410.
Dong L, Zhang L, Li F. 2014. A compatible system of biomass equations for three conifer species in Northeast, China. Forest Ecology and Management, 329: 306-317.
Dong L, Zhang L, Li F. 2015. A three-step proportional weighting (3SPW) system of nonlinear biomass equations. Forest Science, 60(1): 35-45.
Du L, Zhou T, Zou Z, et al. 2014. Mapping forest biomass using remote sensing and national forest inventory in China. Forests, 5(6): 1267-1283.
Durigan G, Melo A C G, Brewer J S. 2012. The root to shoot ratio of trees from open- and closed-canopy cerrado in south-eastern Brazil. Plant Ecology & Diversity, 5(3): 333-343.
Enquist B J, Niklas K J. 2002. Global allocation rules for patterns of biomass partitioning in seed plants. Science, 295(5559): 1517-1520.
Fahey T J, Woodbury P B, Battles J J, et al. 2009. Forest carbon storage: ecology, management, and policy. Frontiers in Ecology and the Environment, 8(5): 245-252.
Fang J Y, Wang G G, Liu G H, et al. 1998. Forest biomass of China: an estimate based on the biomass-volume relationship. Ecological Applications, 8(4): 1084-1091.
Fang J, Chen A, Peng C, et al. 2001. Changes in forest biomass carbon storage in China between 1949 and 1998. Science, 292(5525): 2320-2322.
Fatemifarrah F R, Yanairuth R D, Hamburgsteven S P, et al. 2011. Allometric equations for young northern hardwoods: the importance of age-specific equations for estimating aboveground biomass. Canadian Journal of Forest Research, 41(4): 881-891.
Fattorini S. 2007. To fit or not to fit? A poorly fitting procedure produces inconsistent results when the species-area relationship is used to locate hotspots. Biodiversity and Conservation, 16:

2531-2538.

Feldpausch T R, McDonald A J, Passos C A M, et al. 2006. Biomass, harvestable area, and forest structure estimated from commercial timber inventories and remotely sensed imagery in southern Amazonia. Forest Ecology and Management, 233(1): 121-132.

Finney D. 1941. On the distribution of a variate whose logarithm is normally distributed. Supplement to the Journal of the Royal Statistical Society, 7(2): 155-161.

García Morote F A, López Serrano F R, Andrés M, et al. 2012. Allometries, biomass stocks and biomass allocation in the thermophilic Spanish juniper woodlands of Southern Spain. Forest Ecology and Management, 270: 85-93.

Gingerich P D. 2000. Arithmetic or geometric normality of biological variation: an empirical test of theory. Journal of Theoretical Biology, 204(2): 201-221.

Goicoa T, Militino A F, Ugarte M D. 2011. Modelling aboveground tree biomass while achieving the additivity property. Environmental and Ecological Statistics, 18(2): 367-384.

Gonzalez-Garcia M, Hevia A, Majada J, et al. 2013. Above-ground biomass estimation at tree and stand level for short rotation plantations of *Eucalyptus nitens* (Deane & Maiden) Maiden in Northwest Spain. Biomass & Bioenergy, 54: 147-157.

Husch B, Beers T W, Kershaw J A. 2003. Forest mensuration. 4th ed. New York: Wiley.

IPCC. 2003. Good practice guidance for land use, Land-use change and forestry. Kanagawa: Institute for global environmental strategies.

IPCC. 2006. IPCC guidelines for national greenhouse gas inventories: Agriculture, forestry and other land use. Kanagawa: Institute for global environmental strategies.

Isaev A, Korovin G, Zamolodchikov D, et al. 1995. Carbon stock and deposition in phytomass of the Russian forests. Water Air & Soil Pollution, 82(1-2): 247-256.

Jara M C, Henry M, Réjou-Méchain M, et al. 2015. Guidelines for documenting and reporting tree allometric equations. Annals of Forest Science, 72(6): 763-768.

Jenkins J C, Chojnacky D C, Heath L S, et al. 2003. National-scale biomass estimators for United States tree species. Forest Science, 49(1): 12-35.

Kajimoto T, Matsuura Y, Osawa A, et al. 2006. Size–mass allometry and biomass allocation of two larch species growing on the continuous permafrost region in Siberia. Forest ecology and management, 222(1): 314-325.

Kasischke E S, Melack J M, Dobson M C. 1997. The use of imaging radars for ecological applications-a review. Remote Sensing of Environment, 59(2): 141-156.

Kerkhoff A J, Enquist B J. 2009. Multiplicative by nature: why logarithmic transformation is necessary in allometry. Journal of Theoretical Biology, 257(3): 519-521.

Ketterings Q M, Coe R, Noordwijk M V, et al. 2001. Reducing uncertainty in the use of allometric biomass equations for predicting above-ground tree biomass in mixed secondary forests. Forest Ecology and Management, 2001, 146(1-3): 199-209.

King J S, Giardina C P, Pregitzer K S, et al. 2007. Biomass partitioning in red pine (*Pinus resinosa*) along a chronosequence in the Upper Peninsula of Michigan. Canadian Journal of Forest Research, 37(1): 93-102.

Klinkhamer, Peter G L.1994. Plant Allometry: The scaling of Form and Process. Chicago: University of Chicago Press: 1-412.

Konôpka B, Pajtik J, Noguchi K, et al. 2013. Replacing Norway spruce with European beech: A comparison of biomass and net primary production patterns in young stands. Forest Ecology and Management, 302(7): 185-192.

Kozak A, Kozak R. 2003. Does cross validation provide additional information in the evaluation of regression models? Canadian Journal of Forest Research, 33(6): 976-987.

Lai J, Yang B, Lin D, et al. 2013. The allometry of coarse root biomass: log-transformed linear regression or nonlinear regression? Plos one, 8(10): e77007.

Lambert M C, Ung C H, Raulier F. 2005. Canadian national tree aboveground biomass equations. Canadian Journal of Forest Research, 35(8): 1996-2018.

Landsberg J J. 2003. Modelling forest ecosystems: state of the art, challenges, and future directions. Canadian Journal of Forest Research, 33(3): 385-397.

Lehtonen A, Makipaa R, Heikkinen J, et al. 2004. Biomass expansion factors (BEFs) for Scots pine, Norway spruce and birch according to stand age for boreal forests. Forest Ecology and Management, 188(1-3): 211-224.

Li H, Zhao P. 2013. Improving the accuracy of tree-level aboveground biomass equations with height classification at a large regional scale. Forest Ecology and Management, 289: 153-163.

Lott J E, Howard S B, Black C R, et al. 2000. Allometric estimation of above-ground biomass and leaf area in managed Grevillea robusta agroforestry systems. Agroforestry Systems, 49(1): 1-15.

Luo Y, Wang X, Zhang X, et al. 2013. Variation in biomass expansion factors for China's forests in relation to forest type, climate, and stand development. Annals of Forest Science, 70(6): 589-599.

Madgwick H, Satoo T. 1975. On estimating the aboveground weights of tree stands. Ecology, 56(6): 1446-1450.

Malhi Y, Baker T R, Phillips O L, et al. 2004. The above-ground coarse wood productivity of 104 Neotropical forest plots. Global Change Biology, 10(5): 563-591.

Menendezmiguelez M, Canga E, Barrio-Anta M, et al. 2013. A three level system for estimating the biomass of *Castanea sativa* Mill. coppice stands in north-west Spain. Forest Ecology and Management, 291: 417-426.

Mokany K, Raison R J, Prokushkin A S. 2006. Critical analysis of root: shoot ratios in terrestrial biomes. Global Change Biology, 12(1): 84-96.

Mu C, Lu H, Wang B, et al. 2013. Short-term effects of harvesting on carbon storage of boreal *Larix gmelinii-Carex schmidtii* forested wetlands in Daxing'anling, northeast China. Forest Ecology and Management, 293: 140-148.

Muukkonen P. 2007. Generalized allometric volume and biomass equations for some tree species in Europe. European Journal of Forest Research, 126(2): 157-166.

Navar J. 2009. Allometric equations for tree species and carbon stocks for forests of northwestern Mexico. Forest Ecology and Management, 257(2): 427-434.

Ngomanda A, Engone Obiang N L, Lebamba J, et al. 2014. Site-specific versus pantropical allometric equations: Which option to estimate the biomass of a moist central African forest? Forest Ecology and Management, 312: 1-9.

Nicoll B C, Ray D. 1996. Adaptive growth of tree root systems in response to wind action and site conditions. Tree physiology, 16(11-12): 891-898.

Packard G C, Birchard G F. 2008. Traditional allometric analysis fails to provide a valid predictive model for mammalian metabolic rates. The Journal of Experimental Biology, 211: 3581-3587.

Packard G C. 2009. On the use of logarithmic transformations in allometric analyses. Journal of theoretical biology, 257(3): 515-518.

Pan Y D, Luo T X, Birdsey R, et al. 2004. New estimates of carbon storage and sequestration in China's forests: Effects of age-class and method on inventory-based carbon estimation. Climatic Change, 67(2-3): 211-236.

Pan Y, Birdsey R A, Fang J, et al. 2011. A large and persistent carbon sink in the world's forests.

Science, 333(6045): 988-993.

Pare D, Bernier P, Lafleur B, et al. 2013. Estimating stand-scale biomass, nutrient contents, and associated uncertainties for tree species of Canadian forests. Canadian Journal of Forest Research, 43(7): 599-608.

Parresol B R. 1993. Modeling multiplicative error variance: An example predicting tree diameter from stump dimensions in bald cypress. Forest science, 39(4): 670-679.

Parresol B R. 1999. Assessing tree and stand biomass: a review with examples and critical comparisons. Forest science, 45(4): 573-593.

Parresol B R. 2001. Additivity of nonlinear biomass equations. Canadian Journal of Forest Research, 31(5): 865-878.

Poorter H, Niklas K J, Reich P B, et al. 2012. Biomass allocation to leaves, stems and roots: meta-analyses of interspecific variation and environmental control. New Phytologist, 193(1): 30-50.

Portsmuth A, Ülo Niinemets, Truus L, et al. 2005. Biomass allocation and growth rates in *Pinus sylvestris* are interactively modified by nitrogen and phosphorus availabilities and by tree size and age. Canadian Journal of Forest Research, 35(10): 2346-2359.

Pregitzer K S, Euskirchen E S. 2004. Carbon cycling and storage in world forests: biome patterns related to forest age. Global Change Biology, 10(12): 2052-2077.

Quint T C. 2010. Allometric models for predicting the aboveground biomass of Canada yew (*Taxus canadensis* Marsh.) from visual and digital cover estimates. Canadian Journal of Forest Research, 40(10): 2003-2014.

Reed D D, Green E J. 1985. A method of forcing additivity of biomass tables when using nonlinear models. Canadian Journal of Forest Research, 15(6): 1184-1187.

Russell M B, Burkhart H E, Amateis R L. 2009. Biomass partitioning in a miniature-scale loblolly pine spacing trial. Canadian Journal of Forest Research, 39(2): 320-329.

SAS Institute Inc. 2011. SAS/ETS® 9.3. User's Guide. Cary, NC: SAS Institute Inc.

Schroeder P E, Brown S, Mo J, et al. 1997. Biomass estimation for temperate broadleaf forests of the United States using inventory data. Forest Science, 43(3): 424-434.

Sierra C A, Valle J I D, Orrego S A, et al. 2007. Total carbon stocks in a tropical forest landscape of the Porce region, Colombia. Forest Ecology and Management, 243(2-3): 299-309.

Skovsgaard J P, Nord-Larsen T. 2012. Biomass, basic density and biomass expansion factor functions for European beech (*Fagus sylvatica* L.) in Denmark. European Journal of Forest Research, 131(5): 1637-1637.

Smith J E, Heath L S, Jenkins J S. 2003. Forest volume-to-biomass models and estimates of mass for live and standing dead trees of U.S. forests. General Technical Report NE-298. USDA Forest Service, Northeastern Research Station, Newtown Square, PA: 1-57.

Smith W B, Brand G J. 1983. Allometric biomass equations for 98 species of herb, shrubs and small trees. Research Note NC-299. USDA Forest Service, North Central Forest Experimental Station, St. Paul, MN, USA.

Snee R D. 1977. Validation of regression models: methods and examples. Technometrics, 19(4): 415-428.

Snowdon P. 1992. Ratio methods for estimating forest biomass. New Zealand Journal of Foresty Science, 22: 54-62.

Soares P, Tomé M. 2004. Analysis of the effectiveness of biomass expansion factors to estimate stand biomass//Hasenauer H, Makela A (eds.). Modeling forest production. Proceedings of the International Conference, Vienna: 368-374.

Soares P, Tomé M. 2012. Biomass expansion factors for Eucalyptus globulus stands in Portugal. Forest Systems, 21(1): 141-152.

Socha J, Wezyk P. 2007. Allometric equations for estimating the foliage biomass of Scots pine. European Journal of Forest Research, 126(2): 263-270.

Sprizza L. 2005. Age-related equations for above- and below-ground biomass of a *Eucalyptus* hybrid in Congo. Forest Ecology and Management, 205(1-3): 199-214.

Stahl G, Boström B, Lindkvist H, et al. 2004. Methodological options for quantifying changes in carbon pools in Swedish forest. Studia Forestalia Suecia, 214: 1-46.

Strong W, Roi G L. 1983. Root-system morphology of common boreal forest trees in Alberta, Canada. Canadian Journal of Forest Research, 13(6): 1164-1173.

Suganuma H, Abe Y, Taniguchi M, et al. 2006. Stand biomass estimation method by canopy coverage for application to remote sensing in an and area of Western Australia. Forest Ecology and Management, 222(1-3): 75-87.

Sun G, Simonett D. 1988. Simulation of L-band HH microwave backscattering form coniferous forest stand: a comparison with SIR-B data. International Journal of Remote Sensing, 9(5): 907-925.

Tang S, Li Y, Wang Y. 2001. Simultaneous equations, error-in-variable models, and model integration in systems ecology. Ecological Modelling, 142(3): 285-294.

Tang S, Wang Y. 2002. A parameter estimation program for the error-in-variable model. Ecological Modelling, 156: 225-236.

Teobaldelli M, Somogyi Z, Migliavacca M, et al. 2009. Generalized functions of biomass expansion factors for conifers and broadleaved by stand age, growing stock and site index. Forest Ecology and Management, 257(3): 1004-1013.

Timothyj A, Johan B, Tomas L, et al. 2009. Do biological expansion factors adequately estimate stand-scale aboveground component biomass for Norway spruce. Forest Ecology and Management, 258(12): 2628-2637.

Tolunay D. 2009. Carbon concentrations of tree components, forest floor and understorey in young *Pinus sylvestris* stands in north-western Turkey. Scandinavian Journal of Forest Research, 24(5): 394-402.

Trofymow J A, Coops N C, Hayhurst D. 2014. Comparison of remote sensing and ground-based methods for determining residue burn pile wood volumes and biomass. Canadian Journal of Forest Research, 44(3): 182-194.

Tumwebaze S B, Bevilacqua E, Briggs R, et al. 2013. Allometric biomass equations for tree species used in agroforestry systems in Uganda. Agroforestry Systems, 87(4): 781-795.

Van T S, Law B E, Turner D P, et al. 2005. Variability in net primary production and carbon storage in biomass across Oregon forests - an assessment integrating data from forest inventories, intensive sites, and remote sensing. Forest Ecology and Management, 209(3): 273-291.

Vanninen P, Ylitalo H, Sievänen R, et al. 1996. Effects of age and site quality on the distribution of biomass in Scots pine (*Pinus sylvestris* L.). Trees, 10(4): 231-238.

Wang C K. 2006. Biomass allometric equations for 10 co-occurring tree species in Chinese temperate forests. Forest Ecology and Management, 222(1-3): 9-16.

Wang J R, Letchford T, Comeau P, et al. 2000. Above- and below-ground biomass and nutrient distribution of a paper birch and subalpine fir mixed-species stand in the Sub-Boreal Spruce zone of British Columbia. Forest Ecology and Management, 130(1-3): 17-26.

Wang J, Zhang C, Xia F, et al. 2011. Biomass structure and allometry of *Abies nephrolepis* (Maxim) in Northeast China. Silva Fenn, 45: 211-226.

Wang X, Fang J, Tang Z, et al. 2006. Climatic control of primary forest structure and DBH–height allometry in Northeast China. Forest Ecology and Management, 234(1): 264-274.

Wang X, Fang J, Zhu B. 2008. Forest biomass and root-shoot allocation in northeast China. Forest Ecology and Management, 255(12): 4007-4020.

Wang X, Feng Z, Ouyang Z. 2001. The impact of human disturbance on vegetative carbon density in forest ecosystems in China. Forest Ecology and Management, 148: 117-123.

West G B, Brown J H, Enquist B J. 1999. A general model for the structure and allometry of plant vascular systems. Nature, 400: 644-667

West P W. 1999. Tree and Forest Measurement. 2th ed. Berlin: Springer: 1-190.

Whittaker R H, Likens G E. 1975. Methods of assessing terrestrial productivity. New York: Springer: 305-328.

Wiant H V, Harner E J. 1979. Notes: Percent Bias and standard error in logarithmic regression. Forest Science, 25(1): 167-168.

Woodall C W, Heath L S, Domke G M, et al. 2011. Methods and equations for estimating aboveground volume, biomass, and carbon for trees in the U.S. forest inventory 2010. USDA Forest Service, Northern Research Station GTR NRS-88.

Xiao C W, Ceulemans R. 2004. Allometric relationships for below- and aboveground biomass of young Scots pines. Forest Ecology and Management, 203(1-3): 177-186.

Xiao X, White E P, Hooten M B, et al. 2011. On the use of log-transformation vs. nonlinear regression for analyzing biological power laws. Ecology, 92(10): 1887-1894.

Yandle D O, Wiant Jr H V. 1981. Estimation of plant biomass based on the allometric equation. Canadian Journal of Forest Research, 11(4): 833-834.

Zabek L M, Prescott C E. 2006. Biomass equations and carbon content of aboveground leafless biomass of hybrid poplar in Coastal British Columbia. Forest Ecology and Management, 223(1-3): 291-302.

Zeng H Q, Liu Q J, Feng Z W, et al. 2010. Biomass equations for four shrub species in subtropical China. Journal of Forest Research, 15(2): 83-90.

Zhou G, Wang Y, Jiang Y, et al. 2002. Estimating biomass and net primary production from forest inventory data: a case study of China's *Larix* forests. Forest Ecology and Management, 169(1-2): 149-157.

Zhou X, Brandle J R, Schoeneberger M M, et al. 2007. Developing above-ground woody biomass equations for open-grown, multiple-stemmed tree species: Shelterbelt-grown Russian-olive. Ecological Modelling, 202(3-4): 311-323.

Zianis D, Mencuccini M. 2003. Aboveground biomass relationships for beech (*Fagus moesiaca* Cz.) trees in Vermio Mountain, Northern Greece, and generalised equations for *Fagus* sp. Annals of Forest Science, 60(5): 439-448.

Zianis D, Xanthopoulos G, Kalabokidis K, et al. 2011. Allometric equations for aboveground biomass estimation by size class for *Pinus brutia* Ten. trees growing in North and South Aegean Islands, Greece. European Journal of Forest Research, 130(2): 145-160.